JN078382

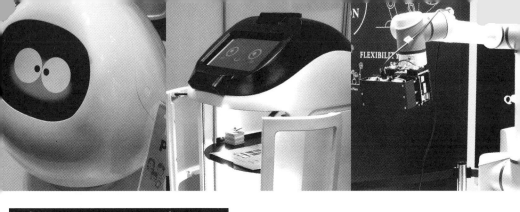

身につく！
「ロボット」&「ドローン」
の基礎知識

はじめに

▼本書では、「ロボット」と「私たちの暮らし」の関係性という観点で、初期のロボットの生い立ちから、ロボットの技術が辿ってきた道のり、現代のロボットはどのようになっているか、そして今後、ロボットがどのような道のりをた辿っていくのか、ということについて、極力、数学や工学といった話には踏み込まない範囲で眺めてみました。

＊

さて、ロボットは、最近の機械学習の技術、特に「ディープラーニング技術」の発展によって、大きく進化を遂げています。

近年の「自動運転自動車」なども、こうした「ディープラーニング」の研究や技術開発によって、急速に進歩しつつあります。

「ディープラーニング」は、それ以前の技術では難易度が高かった「音声認識」「画像認識」といったことにとどまらず、ネット上に存在する大量のデータ（ビッグデータ）を使って分析・解析を自動的に行なわせることで、ロボット自身が自動的に「学習」を行なうことも可能となりました。

そうした技術が進歩していくにつれて、近い将来、「自動運転自動車」だけでなく、家庭内でも、もっと身近に「ロボット」と触れ合う機会がやってくるのは間違いないでしょう。

さらに今後、科学技術が発達していくと、ロボットは将来、人間と肩を並べるような存在になっていくのか？ …その時代に人間とロボットはどんな風に付き合っていけばいいのでしょうか？ …といった、SFの世界観まで足を踏み込みながら、そもそも「ロボットとは何ぞや？」という疑問に踏み込んでみましょう。

nekosan

▼短期的にドローンの人気が高まって、ドローンブームになった時期がありました。そして、そのような過渡期を経て、ドローンがホビーのひとつのジャンルとして、確立された感があります。

ラジコンの飛行機や自動車には、古くから多くの愛好家がいますが、そこにドローンが加わり、ラジコンの選択の幅が広がりました。従来のラジコンとドローンを比べて異なるのは、「ドローンは、ほぼすべてが本物」ということ。

ラジコンの飛行機や自動車では、まず本物の乗り物があって、その「模型」を操縦することが多いですが、ドローンでは、それぞれの機種がオリジナリティをもっています。

ドローンには多様な機種がありますが、その価格や機能にかかわらず、「オリジナルの機体を操縦する」という楽しみがあると思います。

ドローンのユーザーが増えるとともに、人がたくさんいる場所でドローンが墜落したり、自動車や航空機を妨害したりするような事例が起きています。たとえ、小さなドローンであっても、人にぶつかると怪我をします。自転車や自動車を運転するのと同様に、ドローンの操縦者には責任が伴います。ルールとマナーを守りながら、ドローンの操縦を楽しんでください。

本間　一

身につく！
「ロボット」＆「ドローン」の基礎知識

CONTENTS

はじめに………………………………………………………… 2

第1章　日常に浸透したロボット

[1-1]　コミュニケーション・ロボット ………………… 8

[1-2]　「清掃ロボット」「警備用ロボット」……………… 13

[1-3]　産業用ロボット ………………………………… 18

[1-4]　災害現場で活躍するロボット ………………… 24

[1-5]　教育／ホビー用ロボット……………………… 29

[1-6]　自動運転車 ……………………………………… 34

[1-7]　「ロボット技術」を支える技術 ………………… 39

[1-8]　ロボットの思考 ………………………………… 44

[1-9]　これからのロボット …………………………… 49

[1-10]　分身ロボット ………………………………… 54

[1-11]　意識をもつロボット ………………………… 59

CONTENTS

第2章	身近になったドローン

[2-1] 入門機のドローンで空撮 ……………………… 66

[2-2] ドローン・レース ……………………………… 71

[2-3] 配送ドローン ………………………………… 77

[2-4] DJIの最新業務用ドローン ………………… 84

[2-5] ウクライナで使われるドローン ……………… 91

[2-6] 変わった形のドローン …………………………… 96

[2-7] 無人航空機の登録義務化 ……………………… 102

[2-8] 無人航空機の操縦ライセンス制度 …………… 108

[2-9] エンターテインメントで活躍するドローン ……… 113

[2-10] ドローン配送サービス「Amazon Prime Air」…… 118

[2-11] ドローンの歴史と未来 ……………………… 123

第3章	生活に溶け込むロボット、そして未来

[3-1] 半導体製造技術とあゆむロボット技術の進化 ……… 130

[3-2] さまざまなドローン ……………………………… 138

索引 ………………………………………………… 141

第 **1** 章

ロボットの技術と情報

「ロボット」が日常の生活や社会に浸透し、身近に感じられるようになりました。

本章では、現在ロボットにはどのようなものがあり、どのような場所で活躍しているのか。さまざまなロボットの技術や関連情報などについて、まとめました。

1-1　コミュニケーション・ロボット

　日々の生活圏の中で使われる、「コミュニケーション・ロボット」について、スポットを当ててみましょう。

近年のロボット

■ どのようなロボットが利用されているのか

　最近のロボットには、「ディープラーニング」や「機械学習」といった、「AI」の研究成果が応用されはじめました。

　そのため、一昔前のロボットに比べると、高度な判断や動作が可能になっています。

＊

　一言で「ロボット」と言っても、以下のように、さまざまな形態のものがあります。

・家庭内で愛玩動物などのように利用される「コミュニケーション・ロボット」

・オフィスビルや飲食店店舗などで利用される「清掃・警護ロボット」

・工場など製造現場などで利用される「産業用ロボット」

・災害現場で利用される「探索・救護ロボット」

・それらを研究する目的で作られる「教育用・ホビー用ロボット」

＊

　本節では、まず日常の生活に浸透してきた、「コミュニケーション・ロボット」を紹介します。

■「コミュニケーション・ロボット」とは

　「コミュニケーション・ロボット」というと、先駆者であるソニー社の「AIBO」*を思い浮かべる方も多いでしょう。

　AIBOには、生きている犬のように「機嫌」(感情)があり、また「成長」していくことが特徴です。

※現在は、小文字で「aibo」

　しかし、AIBOの初期版は20年以上前に登場したものです。
　現代のロボットは、AI研究などの成果を受け、さらに進歩しています。

会話ができるロボット

　最近のロボットは、機械学習の応用により、自然な「話し言葉」で、「人と会話」できるものが、いろいろと登場しています。

　Viston社の「Sota」は、言葉だけでなく身振り手振りも使って、人と自然な会話ができるロボットです。

　カメラで人の顔を認識したり、またネットワークにも接続できるので、(開発の技術があれば)IoTデバイスなどに連携させることも可能です。

図1-1-1　身振り手振りを使うViston社Sota

　ミクシィ社の「Romi」も会話ができる点で似ていますが、表情をディスプレイに表示するカタチになっています。

図1-1-2　表情豊かなミクシィ社「Romi」

　家電的な完成品である「Romi」と、開発キットも提供されている「Sota」といった違いがあります。

　しかし、双方ともに、「音声を認識」して、「文脈や意味を把握」し、会話になるように「文章を自律的に考え」て、音声合成技術で「自然にしゃべる」……といった、特徴をもちます。

会話だけではない

　会話ではなく、いわゆる「ペット」のように人と関わり合い、「癒しを与える」といった効果を目的としたロボットとして、「LOVOT」や「Pocket Robot」が挙げられます。

＊

　「LOVOT」は、会話はできませんが、自律的に移動しながら人とコミュニケーションを取るロボットです。

　画像認識によって、部屋の配置を学習しながら「部屋の中を移動」した

り、日々のコミュニケーションによって「成長」したり、「愛玩動物」のように持ち主（飼い主？）に甘えるといった行動もします。

　また、一体一体が個性をもっていることも、大きな特徴です。

図1-1-3　自律的に移動して人と関わりあう「LOVOT」

　一方、タカラトミー「COZMO」は、音声は認識するものの、会話は行なわず、"小人目線"のように感情をもって自律的に動き回るロボットで、一人遊びをしたり、人間を遊びに誘ったりします。

　また、画像認識機能を使い、持ち主を発見すると名前を呼んだりします。

図1-1-4　感情をもった小人のような「COZMO」

　このような「人との自然な会話」や「周囲を認識して移動する」、意思をもっているように自律的に行動する、といったことは、最近のAI研究の成果と言えるでしょう。

コミュニケーション・ロボットの外見

　このようなコミュニケーション・ロボットは、見た目が「人間の幼児」や「愛玩動物」（犬や猫など）的な愛らしい外見をしています。

　さらには「質感」「表情」「しぐさ」についても、「かわいらしい」印象をもったものが多く見られます。

　これらは、「人と接する」ことが目的で、そのため人から自然に受け入れられるデザインが採用されていると考えられます。
　特に、「LOVOT」などに見られるように、「会話以外で人と意思疎通」を行なう上で、「表情」は、重要なポイントなのかもしれません。

　また、本物のペットと異なり、動物アレルギーをもっている人でも利用できるということも、一つのメリットと言えそうです。

1-2 「清掃ロボット」「警備用ロボット」

ここでは、「清掃ロボット」「警備ロボット」について眺めていきます。

家庭用のお清掃ロボット

■ お掃除ロボットの先駆け「ルンバ」

　家庭用のお掃除ロボットといえば、「お掃除ロボット＝ルンバ」という
くらい、先駆けになったiRobot社の「ルンバ」が有名です。

　「ルンバ」は、機種や世代によって、さまざまな機能が搭載されています。

図1-2-1　クリーンベースに収まった「ルンバs9+」

　自動充電器に戻って充電したり、吸引力を向上させたり、最近では部屋
のマッピング（間取りを学習）を行ない、清掃できたところとできなかっ
たところを識別したり、Wi-Fi経由で清掃する範囲をスマホアプリから指
定できたり…と、いろいろな機能が搭載されてきました。

　また、タイマー予約、階段などからの落下防止などを搭載している機種もあります。

　さらに、iRobot社は、「ルンバ」と連携しながら拭き掃除ができる「ブラーバ」というロボットも販売しています。

図1-2-2　拭き掃除を行なう「ブラーバ・ジェットm6」

■ 探索ロジックは比較的単純

　家庭用のお掃除ロボットは、上記の「ルンバ」や、パナソニックの「ルーロ」など、各社から販売されていますが、部屋の探索の処理方法は比較的単純で、「ランダム探索」が用いられています。

　「ランダム探索」は、進む方向を、いわゆる「行き当たりばったり」に決めるという方式[*1]なので、カメラの画像処理といった複雑な制御が要りません。

*1　壁などにぶつかったら、ランダムに方向転換する方式。

　そのため、小規模で性能の低いコンピュータ（＝安価で消費電力が小さい）で充分処理でき、カメラなどの高価なセンサ・パーツも不要というメリットがあります。

業務用に用いられるロボット

業務用として用いられるロボットには、「接客ロボット」や「お掃除ロボット」、「機械警備ロボット」といったものがあります。

■ 接客ロボット

接客ロボットでいちばん有名なのは、ソフトバンク社の「Pepper」ではないでしょうか。

（家庭用などにも販売されていますが、価格帯的に業務用途がメインと思います）

カメラによる「顔認識」や、AIによる「自然言語での会話」、「自律的な移動」など、高度なことができ、現時点で実現できる範囲で、とても多機能・高性能なロボットと言えます。

特に、人が生活する空間を自律的に移動する必要があるため、人と衝突して怪我をするといったことを避けるために、高度なAI処理が必須です。

図2-2-3　接客中のソフトバンク社の「Pepper」

■ 業務用清掃ロボット

　業務用清掃ロボットとしては、アイリスオーヤマ社の「Whiz i」や、AMANO社の「EGrobo」といったものがあります。

図1-2-4　AMANO社の「EGrobo」

　業務用の清掃ロボットは、家庭用のものと比べ大型であり、広い面積を移動し、時々刻々変わる状況に合わせて「安全」で「柔軟」に清掃する必要があるなど、求められるスペックが高くなります。

　そのため、単純な「ランダム検索」ではなく、「LiDAR」*や「3Dカメラ」などで周囲を認識しながら、指定された巡回ルート上の障害物を自律的に見つけて回避するなど、より高度な制御が求められます。

＊「LiDAR」については、1-7節で解説しています。

■ 機械警備ロボット

　ビル管理などを行なう機械警備ロボットは、三菱電機社、シークセンス社、ALSOK社など各社がサービスを展開。

　これらのロボットは、人間の警備員のように建物内を移動する必要があります。

　そのため、エレベータに乗り込んだり、入退室管理が厳密な部屋などにも循環する必要があるなど、移動は困難です。

　また、不特定多数の人が行き交う中を、安全に自律的に移動する必要もあり、高度な判断機能が必要になります。

■ ロボットは人の代わりに働けるのか

　先日、このような機械警備ロボットが、エレベータの入り口をふさいでしまい、足の不自由な人をエレベータ内に閉じ込めるという「閉じ込め事故」が発生しました。

　このような事故は、人間の警備員なら多分発生し得ない事故であり、典型的な「フレーム問題」[*2]と言えるでしょう。

＊2　有限の処理能力しかもたないロボットが、あらゆる可能性を考慮して判断することが難しいという課題。

　AI研究が急激に進んできた昨今でも、「フレーム問題」は、まだまだ当面の間、頭の重い課題になりそうです。

1-3　産業用ロボット

工場などで利用される「産業用ロボット」について、眺めていきます。

産業で用いられるロボット

今回は、産業用、特に「モノづくり」の現場で使われているロボットを眺めてみます。

いわゆる「ロボットアーム」のような構造をもち、金属などの材料を加工したり、部品を組み立てたり、塗装や溶接といった作業をするロボットです。

モノづくりロボットの役割

「モノづくりロボット」が果たす役割は、簡単にいうと、「熟練工の作業の自動化」と言う表現が近いと思います。

＊

歴史的に見れば、産業用ロボットは、米国の技術者「ジョージ・デボル氏」による、「プログラム可能な物品搬送装置」のアイデアに源流があります。

これは、平たく言うと「一度動作を記憶させると、その動作を繰り返してくれる装置」（ロボット）です。

■ 熟練工の肩代わり

旧来、自動車工場など「製造の現場」では、熟練工の腕によって「品質」や「生産性」が左右されていました。

そのため、有能な職人をたくさん確保する必要があったわけです。

＊

　しかし、そういう作業を「機械」(ロボット)にひとたび教えれば、「正確に」「飽きずに」「安定した品質で」「無人で」製造ラインを動かすことが可能です。

　また、危険な作業でも、「無人」なら怪我などのリスクが回避できます。
つまり、生産性に加え、労働者の安全確保にも寄与します。

　また、もともと日本では高度成長期における人手不足の対策として、「自動化」を強く求められた背景があり、必然的に機械の労働力であるロボットが多方面で使われてきました。

■ モノづくりロボットの用途と目的

　熟練工の代わりに働く「モノづくりロボット」は、「クルマのボディー塗装」「スポット溶接」「部品の組み立て工程」「電子基板の部品配置」など、さまざまなところで使われています。

　その際、毎回「同じ動作」を「正確に」行なうことが重要です。

＊

　一口に「モノづくりロボット」といっても、構造によって自由度(関節の曲がり方や向き、届く範囲)や強度(剛性)は異なります。

　そのため、用途に合わせて、後述するようなさまざまな構造のロボットが存在します。

図1-3-1　自由度が高く汎用的な多関節ロボット「MOTOMAN PL-8」（安川電機）

■ 定型的な作業の繰り返しが大事

　そうした用途を踏まえると、「最近のロボット」の流行のような、「AIによる自律的で柔軟な判断を伴う動作」よりも、「決められた動作を、繰り返し、正確に行なう」ということが求められる分野と言えます。

　そのため、一般的な「産業用ロボット」は、あらかじめ動作の内容を人間が教える、「ティーチング」というプロセスが必要です。

■ AIを使う局面も

　一方、「箱の中に雑多に入れられた部品を1個1個取り出す」といった場合では、部品の位置や向きが毎回微妙に変わってしまいます。

　そのため、画像認識処理技術を使い、部品の向きなどを自動で認識させるなど、AIによる自動化も導入されてきています。

構造による分類

■ 多関節ロボット

「多関節ロボット」は、先ほどの写真のように、人間の「腕」のような構造・動作を行なう「ロボットアーム」のことです。「腕」「肘」「肩」のように動き、角度・方向の自由度が高い特徴があります。

　一般的に想像される「組み立てロボット」の代表的な形状をしており、「クルマの塗装」「溶接」「部品の組み立て」など広い分野で使われています。

■ 水平多関節ロボット

　アームが「肘」のような形ではなく、水平方向に回転するのが「水平多関節ロボット」です。これは、「スカラ・ロボット」とも呼ばれます。

　「多関節ロボット」に比べ、特に垂直方向の剛性が高いので、「部品を上から押し込む」と言った動作が得意です。

図1-3-2　水平多関節ロボット「MOTOMAN-SG400」(安川電機)

■ 直交ロボット

　いわゆる「X-Y-Z軸動作」のシンプルなロボットで、主に他のロボット
と組み合わせて利用されます。

　一般的な「3Dプリンタ」は、これと同じ動作方式なので、「3Dプリンタ」
を思い浮かべると分かりやすいでしょう。

■ パラレルリンク・ロボット

　「パラレルリンク機構」を使ったロボットで、「デルタロボット」とも言
います。多関節ロボットに比べて「高出力（力が強い）」「高精度」なことが
特徴です。

　「パラレルリンク機構」自体は、最近では「3Dプリンタ」でも使ってい
るモデルもあります。

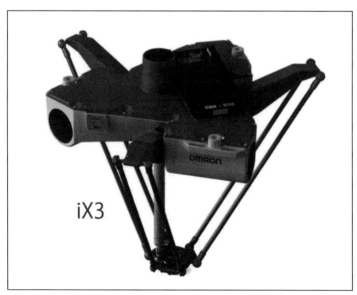

図1-3-3　パラレルリンク・ロボット「iX3」（オムロン）

■ 双椀ロボット、協働ロボット

「双椀ロボット」は文字どおり腕が2本あるロボットで、人が「両手」で作業するような場合と、同じような動作をします。そのため、より人間に近い作業ができます。

また、「協働ロボット」は、ロボットの作業領域に人間が入って、「安全に」人と一緒に作業出来るロボットです。

専用の広いスペースが要らず、「ティーチング」を容易にできる、などのメリットがあります。

1-4　災害現場で活躍するロボット

　ここでは、「災害現場」などで活躍するロボットについて眺めていきます。

ロボットと災害現場

■ 人間には過酷な災害現場

　「地震」「津波」「洪水」「台風」「集中豪雨」「火山噴火」などといった「自然災害」や、「火事」「交通事故」「テロ事件」のような「人為的な災害や事故」……

　これらの「災害現場」では、怪我の危険性や、健康被害など、人間にとって過酷な環境となります。

　大量の「ガレキ」が歩行の障害や怪我など二次災害につながったり、またテロ事件の現場では危険な「化学物質の暴露」、原子力災害の現場では「放射線被ばく」の恐れもあります。

■ 災害現場でのロボット

　こうした「災害現場」で、直接、人や救助犬が活動すれば、怪我や病気のリスクを伴うので、代わりとして「ロボット」の活躍が期待されます。

　ロボットなら、そうした現場でも「労働災害」を防げるからです。

災害用ロボットの活動のタイプ

■「自律型」と「遠隔操作型」

　「労働災害」を防ぐためには、現場にロボットと一緒に人間が入って、指示を行なうのでは意味がありません。

そのため、ロボットの動作は、

①離れたところから人が操作する「遠隔操作型」
②ロボット自身が自分で状況を把握・思考して行動する「自律型」

――の、2つのタイプがあります。

■ 遠隔操作型ロボット

「遠隔操作型ロボット」は、文字どおり人が離れたところから操作するロボットです。

「カメラ」(＝目)などからの情報を人間に送信して、人が判断し、どんな動作を行なうかを、人が直接指示します。

「福島第一原発」でも、情報収集や除染などで使われています。

そして、判断するのが人間なので、複雑で柔軟な判断ができるメリットがあります。

図1-4-1　無限軌道で「福島第一原発2号機を調査するロボット」(東京電力)

　一方、無線通信や有線通信によって人間側と通信する必要があります。

　しかし、入り組んだ建物内では、無線/有線ともに、通信環境を確保するのは容易ではありません。通信手段の確保が、最大の課題と言えます。

■ 自律型ロボット

　「自律型ロボット」は、「カメラ映像」や「GPS」、「加速度センサ」などの情報を元に、ロボット自身が「自分が置かれた状況を把握」しつつ、「自ら行動を決定」するロボットです。

　広範囲での自然災害（地震、集中豪雨）などでは、人間が自分の足で現地の状況を調査するとなると、二次災害の恐れがあったり、足で歩けるところしか調査ができません。

　また、住宅やビルの倒壊現場などでは、ガレキに阻まれ、人の体では入っていくことができません。

　そういった場合に、ロボットが自律的に情報収集し、しかも複数のロボットが連携して、同時並行的に情報収集できれば、情報収集を、「安全」に、「高速」に、「広範囲」に行なえます。

＊

一方、自律型ロボットの弱点は、何と言っても「判断力」にあるでしょう。

　近年のAI技術の進歩は目覚ましいものがありますが、それでもまだ、人間の判断力にはかないません。

　昔思い描いていたような、"ロボットの未来像"には、まだまだ程遠い状態です。

　「遠隔操作型ロボット」と「自律型ロボット」は、このように「判断力」の観点から、当面は使い分けされることになるでしょう。

災害現場で活躍するロボットの形状

■ 二足歩行だけがロボットではない

　災害現場は、「ガレキの山」や「土砂崩れ」など、二足歩行での移動が難しい場面が多くあります。

　比較的単純な解決策としては、自律飛行ができる「ドローン」を使って、上空からアプローチする方法が考えられます。

　しかし、上空からは見えない部分もあり、実際に地面の上を移動する方法も必要です。

■ 無限軌道

　「無限軌道」は、ブルドーザーや戦車で使われているような、いわゆる「キャタピラ」のことです。

　ただし、「キャタピラ」は米国企業の登録商標で、一般には「履帯」「クローラ」「トラックベルト」などと呼ばれます。

　ガレキを乗り越えたり、階段を昇降することも可能で、悪路の走破性が高いため、こうしたロボットではしばしば用いられます。

　先ほどの、福島第一原発2号機の調査用ロボットでも、「無限軌道」が用いられています。

図1-4-2　福島第一原発2号機調査で使われた「無限軌道のロボット」(東京電力)

■ へび型

「無限軌道」は、通常2本の「履帯」を有し、ある程度大型のロボットとなります。そのため、狭いところの調査は苦手です。

＊

「へび型ロボット」は、へびのように細長い胴体をもち、体をくねらせながら進むロボットです。

本体が細いので、ガレキの中を掻い潜りながら進んだり、本物のへび以上に高度な動作ができます。

図1-4-3　ドアを開けて進んでいける「へび型ロボット」(電気通信大学)

それら以外にも、「4足歩行」「2足歩行ロボット」(次節で触れます)、水中を泳ぐように移動するロボットなどもあります。

1-5　教育/ホビー用ロボット

　教育用ホビー用のロボットを眺めつつ、そうした技術を高度に応用した「研究用ロボット」について、眺めていきます。

二足歩行ロボット「ASIMO」

■ ホンダ社「ASIMO」が引退

　ホンダ社の二足歩行ロボット「ASIMO」は、2000年に登場し、今年の3月末に引退しました。

　それまでのロボットでは困難だった、「歩く」「走る」「階段を上り下りする」「横に歩く」「サッカーボールを狙って蹴る」「踊る」など高度な動作を披露し、また、流暢にしゃべることもできました。

図1-5-1　凸凹の床を安定して歩行する「ASIMO」

入門者向けや学習用のロボット

■ 市販のキットで学ぶ

　こうしたロボットは、「制御ロジック（制御の方法）」「制御用の電子回路」「機械工学」「AI」など高度な知識や技術が必要になります。

　そのため、初心者がいきなりゼロから独自のロボットを作り上げるのは困難です。やはり最初は市販の学習キットを使って学習するのが近道になるでしょう。

＊

　産業用ロボットを小型化、簡略化したような教育目的のものが、「VISTON」「近藤科学」などから、いろいろと販売されています。

■ ライントレース・ロボット

　「ライントレース・ロボット」は、名前のとおり、敷かれた「線」をセンサで読み取り、ハミ出ないように走るロボットです。

　モータの「オン／オフ制御」程度の制御方法であれば、単純な仕組みですむのですが、スムーズな旋回や加減速のための「PID制御」や「高速化」などまで考えると、高度な知識や技術が必要になります。

　似たような系統のロボットに、「マイクロマウス」があります。
　敷かれた線ではなく、壁で作られた迷路を自力で探索して、ゴールを目指すロボットです。

■ 倒立振子

　「倒立振子」（とうりつしんし）は、「ホウキを手のひらの上に逆さに立てて、倒れないようにする遊び」と同じものです。

図1-5-2　VISTON製の倒立振子「ビュートバランサー2」

　これを応用した代表例が、「ロケット」。また、二足歩行ロボットも、この倒立振子の応用例です。

　「PID制御」「微分積分」など高度な知識・技術が必要ですが、さまざまな分野で応用される技術なので、ロボットの制御を学ぶ人には避けて通れない分野と言えます。

■ ロボットアーム

　「ロボットアーム」は**1-3節**で取り上げましたが、食品の製造や機械加工といった生産現場などでも使われる、「人の腕の部分」を模したロボットで、産業用途でも広く使われています。

　「VISTON社」の「アカデミック スカラ ロボット」など、さまざまな教育用ロボットが販売されています。

■ 二足歩行ロボット

　「VISTON 社」の「Robovie-Z」は、体を構成する構造物と、制御基板「Raspberry Pi4B」を組み合わせた、二足歩行ロボット。

　「3軸加速度センサ、3軸ジャイロセンサー」なども搭載し、また画像処理、ネットワーク通信機能、「ROS」(ロボット制御用のソフトウェアプラットホーム)も利用でき、ロボット制御の学習用に広く応用できます。

■ ローバー型

　「ローバー (探査車)型ロボット」が各社から提供されています。

　ローバーとはもともと、宇宙開発で他の天体上を移動しながら観測するロボットのこと。

　「VISTON」の「ライトローバー」は、「LiDAR」を搭載した卓上サイズで、「Raspberry Pi 4B」を搭載し、「ROS」での制御もできるローバー型ロボットです。

ロボットの研究開発の応用

■ 二足歩行ロボットの技術開発の成果

　最先端のロボット研究・技術開発のシーンで、二足歩行ロボットで有名なものとして、ボストンダイナミクスの「アトラス (Atlas)」や、Agility Robotics の「ディジット (Digit)」などが挙げられます。

　「アトラス」は、「ジャンプ」「バク宙」「逆立ち」「前転」「側転」」など、高性能な運動性能をもっており、Youtube などでもその高度な運動性能を眺めることができます。

図1-5-3 ボストンダイナミクスのアトラス

「ディジット」は、「アトラス」に比べるともう少し「実務面」の性能を考慮したロボットという印象。

「倉庫内での荷物の移動」などといった、いわゆる「3K」(きつい・汚い・危険)な職場での作業を、人間に代わって行なうことを指向したロボットです。

■「移動」以外の機能

「ロボット」といえば、やはり人と「会話」したり、「目で見たものを認識して自分で判断する」といったことも重要です。

＊

このシリーズ第1回に触れた「Sota」や「Romi」、今回触れた「アトラス」や「ディジット」などは、音声認識や画像認識を利用し、行動を自分で考えて判断し、「意思決定」します。

こうした処理は、「ディープラーニング」などの「AI技術」によって実現されています。

1-6　自動運転車

「実用」を主眼に置いた「ロボット」として、「自動運転車」について眺めていきます。

自動車の近未来

■ 実用化されはじめた「自動運転車」

自動車業界が描く近未来像に、(A)「**自動運転**」と (B)「**コネクティッド・カー**」があります。

(A)は、車両に搭載した「カメラ」や「レーダ」など各種センサの情報を元に、クルマが自分で考えて自動的に走るものです。

(B)は、運転中のクルマから常時データを収集して、「ビッグデータ」を構築しつつ、その情報を各ドライバーに還元し、運転に役立てるものです。

これらは、現在は別々の技術として開発が進んでいますが、いずれは統合され、より便利に昇華していくと思われます。

*

今回は、こうした自動車の近未来について眺めてみます。

自動運転技術を搭載した自動車

■ 世界初の「自動運転レベル3」の市販車

ホンダ社は2021年、「自動運転レベル3」に対応したフラグシップカー「レジェンド」をリリースしました (リース専用、100台限定)。

図1-6-1 レベル3を実現したレジェンド

「レベル3」は、一定の条件下とはいえ、運転の主体が「クルマ（システム）側」にあります。

そのため、乗車中にスマホをいじったりテレビを見ることも、問題ありません。

（いざというときに、運転を代わる必要があるので、飲酒や睡眠は不可）。

■「レベル2」と「レベル3」の大きな違い

電気自動車大手テスラ社の自動運転は、まだ「レベル2」までの対応でした。

※　自動運転レベルは「0」から「5」までの6段階に分けられています。

*

「レベル2」では、運転手が常時監視をしている必要があります。

（緊急時には、人の運転に、すぐに代われる必要がある）

そのため、運転中にスマホを弄ったり、テレビや雑誌を眺める行為は、違反となります。

加えて、「レベル3」では、事故が起きた際の責任の所在が「運転者」では

なく「システム側」となります。

　そのため、目を離していてもよいのです。

＊

　これは、「自動運転」の歴史上、大きな進歩と言えます。

※ただし、「レベル3」で自動運転できるのは、限られた範囲内（ODD、Operational Des
ign Domain＝運航設計領域）に限られ、またODD内でも不測の事態には、運転を人に
代わる必要があります。

■ 業務用の自動運転車の実現に向けて

　「無人路線バス」や「無人タクシー」のような、「一般道を走る業務用の
自動車」の実現には、まだまだ時間が必要です。

＊

　無条件ですべての運転をシステム側が行ない、運転を人に交代する必
要がなくなる「レベル4」以降には、技術開発や法整備など、まだたくさん
の問題や課題があります。

＊

　一方、工事現場のように歩行者の安全を考慮しなくてよいところでは、
すでに「無人で動く重機」が使われています。

自動運転で利用される技術

■ 人の代わりに運転するために

　クルマを動かすには、「アクセル」「ブレーキ」「ステアリング（ハンド
ル）」の3つを使って、それぞれ「加速」「制動」「操舵（左右に旋回）」により
操縦します。

＊

　人はそれらの操作をする際、「目や耳」でクルマの周囲の様子を「認識・
解釈」して、そしてどのように操作するかを「思考」して、実際に手や足で
「操作」を行ないます。

　「自動運転」では、こうした「人が考えて操作」する行為を、機械に代行させます。

　そのためには、外界を認識するための「感覚器官」と、思考する「頭脳」にあたるものが必要になるわけです。

図1-6-2　操縦の3つの操作と、認識・思考

■ 目（感覚器官）に代わるもの

　メインになるものはやはり「カメラ」ですが、それ以外にも、「LiDAR（レーザー光を使った距離センサ）」「超音波測距センサ」「GPSの位置情報」「加速度センサ」「方位センサ」などが、それにあたるでしょう。

＊

　これらは、コスト的な問題を考慮しなければ、ほとんどが、すでに存在する技術です。

■ 頭脳（判断力）に代わるもの

　「頭脳」にあたるもののうち、「解釈」や「判断力」に関する部分は、最近の「機械学習」「深層学習」といった「AI技術」によって、大きく進展しました。

＊

　車線の認識や周囲のクルマとの距離、相対速度の認識、歩行者の検知…などといったことを機械に行なわせることによって、はじめて自動運転が可能になります。

＊

　と言っても、「AIの学習」は簡単ではありません。

　学習の材料として、たとえば、走行中の道路の静止画像をたくさん集め、それらに人間が手で「タグ付け」（状況を解釈して意味づけ）したものを使ったり、実際に人が運転した車載映像を使ったり、というふうに、人力が必要なところが多々あります。

> ※完全な自動化には、すでに1-2節でも以前触れた「フレーム問題」の解決が必要になるため、相当な困難が予想されます。

■ 頭脳（知識・経験則）に代わるもの

　筆者が免許を取ったばかりのころは、「いつ、どこで渋滞しやすいか」などの経験則を、一生懸命蓄積していったものでした。

　しかし、「ビッグデータ」が利用できる昨今では、こうした「知識・経験則」は、ビッグデータから推測・抽出が可能になりました。

　逆に言えば、「ビッグデータ」の視点から見ると、「自動車」は、「知識」や「経験則」を構築するための、「端末」として重要なものとなっていくでしょう。

　つまり、「コネクティッド・カー」は「端末」として重要な役割を担い、自動運転を支える基盤技術となるでしょう。

1-7　「ロボット技術」を支える技術

近年の「ロボット技術を支える技術」について、眺めていきます。

「半導体」「エネルギー」「動力」の技術

■「動力」を制御する「パワー半導体」

ロボットの「動力」として、「電気」で「モータ」を動かす方法が多く用いられています。

「人型ロボット」や、テスラ社の「自動運転 自動車」なども、それにあたります。

その「モータの制御」(オン、オフの制御)や、それらを動かすための「電源 制御 回路」では、「半導体スイッチ」(「パワー半導体」「パワー・トランジスタ」)が用いられています。

＊

「モータ制御回路」や「電源回路」では、「半導体で出来たスイッチ」を使って、「電流」を高速にオン/オフすることで、「電力調整」の制御をしています。

こうした動作を行なうためには、従来は「MOSFET」や「IGBT」といった、「シリコン」(ケイ素)を用いたトランジスタが多く用いられてきました。

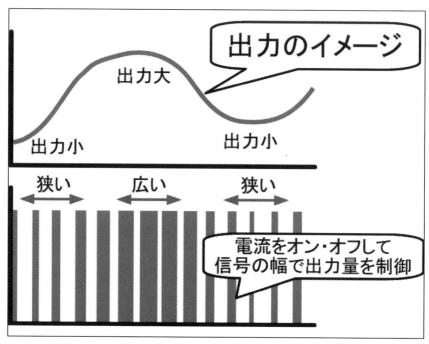

図1-7-1　半導体スイッチによるパワー制御

■ 高性能のパワー半導体

　「パワー半導体」の種類によって、「オン／オフ」の速度[*1]や、電流を流しているときの「損失」の大きさ（「オン抵抗」や「電圧降下」など）、「耐電圧の高さ」、「放熱性能」（熱伝導率）といった、「性能」に差があり、「エネルギー効率」や「回路の小型化」のしやすさに、影響します。

*1　「オン／オフ」の速度が速い半導体では、組み合わせる「インダクタ」を小型化でき、回路全体の規模も小型化しやすい。

　従来の「シリコン」よりも高性能な半導体素子として、近年期待されているのが、「SiC」（シリコンカーバイド、炭化ケイ素）、「GaN」（窒化ガリウム）、「ダイヤモンド半導体」などで、注目されています。

　　　　　　　　　　　　　　＊

「SiC」はすでに製品化されてきており、「GaN」は普及が進行中、「究極の半導体」とも言われる「ダイヤモンド半導体」は、研究開発の途中といった状況です。

■ 高性能モータ

高性能（磁力の強い）なモータとしては、やはり「ネオジム・モータ」の名が挙がります。

「ネオジム」は、強力な磁石に必要な物質で、「エネルギー効率を高め」たり、「モータを小型化・軽量化する」ことに寄与します。

また、「ネオジム・モータ」が高温になると磁力を失ってしまう、という特性があるため、それを防ぐために「ジスプロシウム」や「テルビウム」と言った、希少金属も用いられます。

■ 原材料調達の地政学リスク

しかし、これらの希少元素を産出する国が限られる（中国や北朝鮮などで多く産出）ため、世界情勢によっては輸入できなくなる、いわゆる「地政学的なリスク」を、常に気にする必要があります。

加えて、「ウクライナの戦争の影響」や、それ以前からの「化石燃料の枯渇問題」によって、昨今のエネルギーコストは上昇の一途をたどっているため、エネルギーを無駄遣いしないために、高性能なモータは、より一層使われるシーンが増えてくることになります。

＊

こうしたことから、「ネオジム」の使用量を削減したり、「ジスプロシウム」「テルビウム」の代わりに、「サマリウム」「ランタン」「セリウム」と言った、調達が比較的容易な物質で代替する技術が、開発されてきています。

位置検知、周囲認識の技術

■ LiDAR

「LiDAR」は、レーザー光を使い、方向と距離を計測する技術です。レーザーを照射してから、戻ってくるまでの時間を計測して、距離を計算します。多くのものでは、「ToF方式」が利用されています。

ただし、一般的な「ToF方式」では、ある物体の1点（一方向）までの距離を計測するのに対して、「LiDAR」は周囲をぐるっと見渡すことが可能です。

「LiDAR」を使った実験で有名なものに、月と地球の距離をセンチ・ミリ単位で正確に計測して、「月は毎年4センチ強の速度で地球から遠ざかっている」ことを明らかにした実験があります（月レーザー測距実験）。

一部の自動運転技術の自動車では、この技術を用いて、周囲の物体までの距離を正確に計測し、周囲の状況を把握しています。

なお、「LiDAR」は、「ToF方式」だけでなく、「FMCW方式」（Frequency-Modulated Continuus-Wave）というものもあります。

これは、周波数変調（FMラジオなどで使われている技術）を用いることで、距離だけでなく、相対速度も検知することができる方式です。

■ SLAM

「SLAM」（Simultaneous Localization and Mapping）は、「自己位置 推定」と「環境地図 作成」を同時に行なう技術のことです。

*

カメラ映像や「LiDAR」などの情報を使って、自分の周囲の地図を作りながら移動する、「自動運転自動車」や「ドローン」などに利用されています。

家庭用の「ロボット掃除機」が、部屋の形状を把握したり、清掃がすんでいるところとすんでないところを区別できるのも、この技術の一環です。

最新テクノロジーの「レーザー SLAM」を搭載。
※レーザーはイメージです。

図1-7-2 LiDAR制御のSLAMを用いた家庭用掃除機「RULO_MC-RSF1000」

「位置情報なら、GPSを使えば簡単に分かるのでは？」と思うかもしれ
ません が、屋内や地下通路など、GPS信号が利用できないところもたくさ
ん存在します。

そうしたシーンでも、「SLAM」による周囲の認識は有効です。

*

なお、屋内では、「Wi-Fi」の電波強度を利用したり、水中用ドローンでは、
音響センサを用いる場合などもあります。

■ IMU

「IMU」（Inertial Measurement Unit）は、「慣性計測装置」のことで、古
くは潜水艦の航行などにも用いられていた技術です。

近年では、「MEMS」*2を利用した「9軸センサIC」（「加速度」「角速度」「地
磁気」の3要素を、それぞれ「X-Y-Z」の3軸で把握できる）が安価に利用でき
るようになり、「ドローン」など、いろいろなところで利用されています。

*2：Micro Electro Mechanical Systems：半導体技術を応用し、機械パーツやアクチュ
エータ、センサといったものを、ICチップ内など微小なサイズで実現したもの。

1-8	ロボットの思考

「ロボット（人工知能）はどのように思考しているのか」について、概観します。

人工知能が「思考する」技術

■「SVM」と「人工ニューロン」

ロボット（人工知能）が「思考」するための技術として、「SVM」と「人工ニューロン」という、2つの大きな流れがあります。

■ SVM

「SVM」（サポートベクタマシン）は、図1-8-1のように、ある未知のデータが、「どちらのグループに分類するのが自然か？」ということを、数学的に計算で求める方法です。

応用すると、「手描きの文字」（数字やアルファベット）を分別したり、「音声認識」「画像認識」など、幅広いことが実現できます。

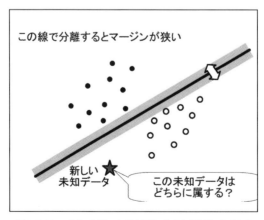

図1-8-1A　未知のデータが白軍に入るか黒軍に入るか？

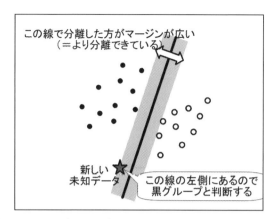

図1-8-1B マージンが大きくなるように切り分けると、黒軍と判断できる

■ 人工ニューロン

「人工ニューロン」は、動物の「神経細胞」(ニューロン)のネットワーク (ニューラルネットワーク:NN)を模したものです。

単体の「ニューロン」は、入力信号に重みづけをして合算し(「積和演算」と呼ぶ)、その合算値が「閾値(しきいち)」を超えたかどうかにより、出力を決定するという、単純な動作をします。

動物の脳神経回路は、この「ニューロン」が「多層」に組み合わせたものとして考えられています。

このアイデア自体は、意外に歴史が古く、1950年代までさかのぼります。

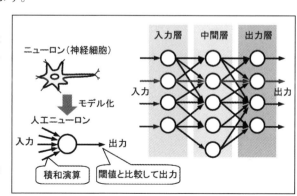

図1-8-2 人工ニューロンの処理イメージ

ディープラーニング

■ 複数の層で役割を分担

　最近よく耳にする「ディープラーニング」も、この「人工ニューロン」の技術の一つですが、図1-8-2の「中間層」が2層以上存在することが特徴です。(中間層の深さが「ディープ」の語源)

　そして、その「中間層」の各層が役割を分担することで、複雑なものでも認識可能となります。

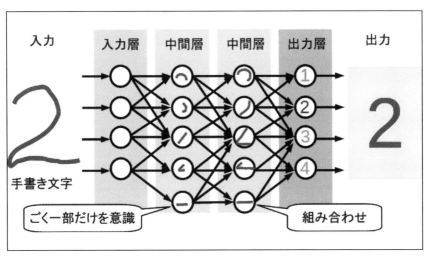

図1-8-3　ディープラーニングの処理イメージ

　たとえば、「0～9の数字画像の認識」といった課題を考えると、最初の層では、数字の線のごく一部(「曲線」「丸」「斜め線」といった特徴的なパーツだけ)を意識します。

　その次の層では、それらのパーツ同士が"どのように組み合わさっているか"のように、少し上位の概念を意識し…、という具合に、各層で概念の深さを分担するイメージになっています。

人工知能に「できること」「できないこと」

■ できること

現在、人工知能で主流となっている「人工ニューロン」は、「画像や音声の認識」「自動運転技術」「人の話し言葉を理解する（自然言語処理）」など、実現しています。

また、単なる人間の模倣だけではなく、「速く正確に」処理が行なえるようになったことで、人間の能力を超えた分野もあります。

囲碁を打つ人工知能「AlfaGO」は、人間の棋士に勝利するほどになりました。

■ できないこと

学習用のデータを大量に集めたり、教師データを作ったりすることは、今のところ人間の仕事[*1]であり、手間暇がかかります。

> [*1] データ中のノイズや欠損データを調整したり、倫理的にダメな概念は学習しないようにしたり、学習時間が短く済むようにデータを小さく加工する…など。
> また、学習した結果は、人間（技術者）にとって「ブラックボックス」です。
> 判断が正しかったのかどうかを、必ずしも検証することができません。

他にも、人との「感情共有」はできないとか、過去データを元に計算を行なっているため、前例のない事象の分析や予測ができません。

そしてなにより、「フレーム問題」を解決できていませんし、また、「オープンエンド[*2]の問題」にも対応できません。

> [*2] クイズなどのように、正解の範囲が絞れるような問題は解けても、「地球温暖化」のような、範囲が明確に定められない問題については答えられない。
> そもそもロボットは"考えて"いるのか？

■ 数値計算で実現されている

　「SVM」にしても「人工ニューロン」にしても、その実体は、当然コンピュータの「数値計算処理」です。

　それって、本当に「考えている」と、言えるのでしょうか。

＊

　一方、「人工ニューロン」は、動物の脳神経（ニューロン）と同様の機能をコンピュータ上で実現したものです。

　つまり、実質的には違いないはずです。

　そういう観点から見たときに、機械は「考えている」と、言えるのでしょうか。

■ 部分的にしか実現できていない

　しかし、少なくとも現時点の人工知能技術を踏まえれば、「感情」や「意識」をもっているわけでもなく、現実的には、人間から与えられた課題[3]にしたがい、単に計算処理（積和演算）をしているだけと言えます。

> [3]　たとえば、「囲碁で勝つ」という課題を与えるのは人間であって、その課題を人工知能が作り出すことはまだ出来ていない。つまり、部分的にしか実現できていないのです。

　しかし、今後、人工知能の技術が進歩して、機械が感情や価値観を持ったり、意識をもったりする日がくるのかもしれません。

　そのとき、人類社会が、人類が機械に支配されるような「ディストピア」になっていないのかは、気になるところです。

1-9　これからのロボット

　比較的近未来に実現するであろうロボットについて、眺めてみましょう。

近未来のロボット

　AI技術の進歩により、「医療」「労働力」など、さまざまな方面でロボットも大きく進化しつつあります。

■ 医療

　医療面では、怪我や加齢などで不自由となった身体に装着して補助する（歩行や重いものを持ち歩くなど）ものや、体の中に入って治療や診断に利用する「マイクロロボット」のように、患者さんに向けたものが考えられます。

　また、病気の診断や治療方法、手術方法についてのアドバイスもできるような、お医者さんをサポートするロボットも、AIによってさらに進歩していくでしょう。

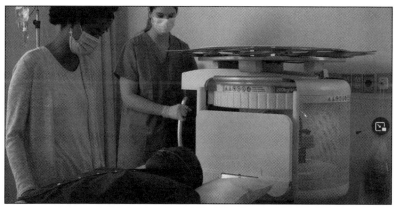

図1-9-1　AI画像処理技術を用いて、病室に運べるほど小型化したMRI、Hyperfine社Swoop

■ 労働力

　日本など多くの先進国では、少子化による労働力減少に向けて、労働力としてのロボットの活躍が期待されています。

　これまで、人間が行なっていた複雑な作業や、高度な思考を、ロボットによって代替しようという試みは、さまざま考え出されています。
　特に、PC作業をロボットに代替させる取り組みを、「RPA」（Robotics Process Automation）と呼び、各所で導入されてきています。

　「RPA」は、比較的単純なPC作業（定型的な作業）について、あらかじめ決められたルールに沿って作業します。
（部分的には、AIを使いビッグデータを用いた予測なども行なえる）

　こうした流れの中で、さらに「RPA」と「AI」を融合させていき、より多くの業務分野をロボットがカバーすることが検討されているようです。

　しかし、それは「ホワイトカラー」の仕事を、ロボットが行なうということです。
　すると、人間は「より高度な仕事」か、「肉体労働」かに二極化される恐れがあります。

■ その他

　家庭生活では「家事をこなすロボット」「家族のようにコミュニケーションするロボット」といったものが、進化や深化していくでしょう。

　また、社会インフラを維持するロボットとして、交通インフラや物流を監視や制御を行なうロボット（現在の交通信号をもっと高度化したようなもの）や、それを踏まえた自動運転自動車、さらには船や飛行機の操縦も、ロボットが担う日も、それほど遠くはないかもしれません。

　行政サービスのAI、ロボットの導入例としては、「道路のひび割れ」を画像処理で把握したり、ドローンとAI画像解析を使って「害虫の発生状況」を把握するといったことが、すでに行なわれてきています。

　また、行政サービスのうち、定型的な日常業務（窓口での自動応答可能な部分など）を、音声認識ロボットなどで代替していくことも取り組まれており、人とロボットの分業というものが進んでいくかもしれません。

図1-9-2　室蘭市のAI画像処理による道路のひび割れ点検の精度検証（J-Stageより）

ロボットに関する課題

■ 資源、エネルギーの問題

　このように、さまざまな分野での活用が期待されているため、今後ロボットの数は増えることはあっても、減ることはないでしょう。

＊

　一方、自動運転自動車の材料などを思い浮かべると判るように、AIをベースとしたロボットは、たくさんの「エネルギー」や「希少資源」が必要

です。

　また、それらの制御に使うコンピュータにも、たくさんの「資源」を使います。

　そうした物質やエネルギー源（主に化石燃料）は、地球上で偏在しており、特に、地政学的に不安定な国から多く産出されています。

　いくら技術だけが発達しても、こうした資源がなければ、ロボットは動かせません。

　希少元素などは、リサイクルを推進してなんとかするとしても、エネルギー問題は、昨今のウクライナ情勢の影響などもあり、難問です。

　より省電力な半導体の技術開発や、核融合発電といったものが期待されます。

■ 技術を支える人材

　ロボットを支える技術としては、「機械工学」「材料工学」「構造学」「制御工学」「電子工学」「ソフトウェア工学」などの古典的な工学分野に加え、人工知能を支える「ディープラーニング」や、人工知能寄りの「統計学」なども重要です。

　しかし、昨今の日本をはじめ先進各国では、「理工系離れ」と言われて久しく、こうした学問を修めた人たちが、充分とは言えないようです。

　加えて、ロボットが人間の生活圏に入ってくる際、新たな問題を引き起こすことになるはずです。

　そのため、「倫理学」「社会学」「法学」といった分野についても、あらたなカリキュラムの構築や、人材の育成が重要な課題になるでしょう。

■ 現状のロボットの頭脳の限界

　ロボットの頭脳、つまり「AI」は、現状では人間の頭脳のごく一部の機能しか実現できていません。

　実現できていない最たるものとして、すでにふれたように、「フレーム問題」と「オープンエンドの問題」があります。

　特に、「トロッコ問題」のような、倫理的な問題については、人間でも一意的な答えを出すことは困難な問題です。

　「オープンエンドの問題」とは、問題の範囲が定められていないもののことです。

　「人はどう生きるべきか」のような哲学的な設問は、その一つの例です。

＊

　現在の技術の延長では、ロボットがこうした問題を”機械的に”解くことは難しく、新たな研究が必要になるでしょう。

1-10 分身ロボット

人の生活圏内で利用される分身ロボット「OriHime-D」について、眺め
ていきます。

分身ロボット「OriHime-D」

■ 自律型ではない分身ロボット

オリィ研究所の「OriHime-D」は、いわゆるAIを利用した自律型のロ
ボットとは異なります。

「遠隔操作で移動」したり、「ネット越しに会話」するといったことがで
きる、いわゆる「分身」のロボットで、操作は人が行ないます。

図1-10-1　「OriHime」の発展型、「OriHime-D」
（DAWN ver. β webサイトより）

　インターネット経由で、「前進後退」「旋回」「モノを掴んで持ち運ぶ」といったことが可能で、また、マイクとスピーカーを通して、会話を行なうこともできます。

■ 分身ロボットの誕生と進化

　オリィ研究所所長の「吉藤オリィ」氏は、「孤独の解消」の手段としての自分の分身となるロボットを考え、「OriHime」(初期のもの)を開発していたそうです。

　そして、この「OriHime」のことを、交通事故による頸髄損傷で20年以上寝たきりとなっていた、故「番田雄太」氏と一緒に開発していく過程で、「もし、移動したり、モノを持ち運んだりする機能もあれば、寝たきりであっても、普通の人のように仕事をこなすことができ、さらには、介助者が居なくても自分で自分の介護もできるのでは?」

…という考えに至ったそうです。

　それが改良型の「OriHime-D」に発展します。

＊

　現在では、この「OriHime-D」は、ALS患者などにパイロット役を担ってもらう形で、常設のカフェ「分身ロボットカフェ DAWN ver. β (東京・日本橋)」や、いろいろな企業での遠隔勤務などで、活躍しています。

＊このあたりの詳しい話は、吉藤オリィ氏が執筆した、note サイトの記事をご参照)
https://note.com/ory/n/n62cd31b5dc6e

図1-10-2　DAWN ver. β の様子
（DAWN ver. β web サイトより）

分身ロボットとその近未来

■ 体の不自由な人たちだけのものではない

　最近のニュースで取り上げられるワードの一つに、「メタバース」（コンピュータネットワーク上の仮想空間）があります。

　この「メタバース」を利用する際には、自分の分身である「アバター」を使って動き回るわけですが、見方を変えると、「OriHime-D」はこの「アバター」を「実世界」に作り出した技術と考えることもできます。

　この技術によってどんな近未来が描けるのか、筆者が想像してみます。

■ お年寄りの仕事の創成

　人間、年を取れば体力が衰えていきますが、人生経験を多く積んだ人たちの体力がカバーされるなら、貴重な労働力として社会に必要とされるはずです。

　高齢化と労働力不足が進行している現代の日本では、近未来、「OriHime-D」のような遠隔操作型のロボットを使うことで、働いて社会貢献したいというお年寄りたちを、貴重な労働力として歓迎しているかもしれません。

（こういう観点は、すでに吉藤オリィ氏ももっているようです）

■ 現コロナ禍での在宅ワーク

　健常者であっても、こうした分身ロボットを操作することは可能でしょう。

　すると、インターネット越しに行なう…つまり、リモート会議だけでなく、リモート勤務のまま現地で肉体労働をすることも、業務内容によっては可能でしょう。

　なにしろ、まだまだ "AIには任せられない仕事" というものが、世界にはたくさん存在しています。

■ 実世界でのアバターで時空を超える

　ここ数年のコロナ禍による、「旅行業界へのダメージ」と、「旅行したいんだけど…」という「アンマッチ」といったシーンにも一石を投じることができるのではと思います。

*

　もし、実世界で自分のアバターを、自由自在に操ることができるなら、一瞬で海外に移動して、旅行することも可能なはずです。

　もちろん、インターネット回線経由では、「コロナウィルス」に感染する恐れもありません。

　そのようなことを、モヤモヤと考えていた数年前、「OriHime-D」とは少し異なったアプローチで、その実現方法を模索していたのですが、先日この「OriHime-D」を調べていたときに、「これだ！！！」と気づいたわけです。

■ 分身ロボット旅行の将来性

　世界各国の観光地に、こういった機器（レンタル自転車のようにシェアできる分身ロボット）があれば、在宅のままで、世界のいろいろなところを観光することが可能です。

　休憩時間に、ちょっとお手軽に10分だけ海外旅行…なんてことも可能なわけです。

　また、この分身を使って、現地の人たちと会話したり、現地でお買い物をして空輸、といったことも可能でしょう。

＊

　このように、実世界での経済活動も、分身ロボットを利用すれば可能なわけです。

■ ロボット＝AIに対するアンチテーゼ

　昨今の、「ロボット＝AI」といった潮流は、「web2.0のGAFAM」のように、そういう技術を牛耳っている一部の企業だけが利益を寡占し、それ以外の人たちが搾取されるという近未来を、どうしても感じていました。（AIが人の仕事を奪うのではなく、AI技術を使い、大資本が、世界中の大多数の人たちを搾取するという構図）

　しかし、「OriHime-D」のような技術は、いろいろな立場の人たちが当たり前に社会参加して、経済を動かしていくという「人にやさしい」近未来を、なんとなく感じるのです。

　こうした、人にやさしい近未来の技術が、欧米ではなく日本から登場したということが、なんとなく印象的に思えてしまうのですが、いかがでしょうか。

1-11 意識をもつロボット

ここでは、難題である「意識をもつロボット」について眺めていきます。

人工意識

■ そもそも「意識」とは

実は、現代までの研究成果をもってしても、そもそも人類は「意識」が何かを正確に理解できていません。

そのため、現在の科学技術の単純な延長では、ロボットに「意識」をもたせるということは、不可能と言えそうです。

＊

最新の「深層学習」（ディープラーニング）も、画像データを「犬」「猫」のどっちに近いか判別することは可能でも、それは単なる数値演算処理でしかなく、実際に考えたり感じたりしていることとは、一線を画します。

つまり、現代のAIは、「まだ「脳」の一部の機能だけしかマネできていない」と言えます。

そのため、2045年にやってくると噂されている「シンギュラリティー」は、まだやってこないだろうとも言われています。

■「意識」の有る無し？

「単細胞生物に意識はあるか」と問えば、多分誰もが「無い」と言うでしょう。

しかし、「猫」や「犬」には、大多数の人が「有る」と考えるでしょう。
では、魚は？昆虫は？

＊

　意識は、「有る」か「無い」かだけで切り分けられるものではないようです。

　生物によって「意識」のレベルは異なり、進化の過程で徐々に高度化してきたようです。

＊

　ロボットについても、一気に人間のような高度な意識を実現するのは困難だと思います。

　そのため、まずは比較的単純な生物を模倣するなどして、メカニズムを少しずつ紐解いていく必要がありそうです。

■ 生物の「脳」と「AI」の違い

　人を含め、「動物」は、生まれてから「脳」単体だけで活動しているわけではありません。

　「脳」は、「体」の感覚を通して世界を見たり感じたり、逆に世界に働きかけたりという具合に、「脳」と「体」が相互作用で機能します。

＊

　そして、危ない目に会うと「痛み」を感じたりして、その経験を「記憶」するということを積み重ねていって、次第にヨチヨチ歩きから、大人のような高度な身体活動ができるようになっていくわけです。

※ちなみに、「昆虫には痛覚が無いかもしれない」とも言われます。
　一生が短く、痛みを検知し学習し記憶しておく「コスト」（痛覚神経や脳の処理能力）が嵩むため、とも言われます。

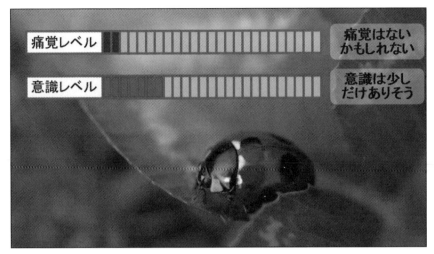

図1-11-1　昆虫に意識や痛覚はあるのか?

＊

　AIの場合はどうでしょうか。

　確かにネット上のデータを収集して分析することで、「学習」すること
はできます。

　しかし、なにしろ身体感覚を伴いませんし、危険なことをして痛みを感
じたり、命の危険を感じたりする必要性もありません。
(電源を切っても、また電源をつなげば「生き返る」ことができる)。

　そうした身体感覚がないロボット (AI)にとって、自分自身や人の痛み
を理解したり、それを前提に命の大切さを理解するといったことは、現代
のAI技術では不可能です。

　そういった「感覚」の機能をAIがもてるようにならないと、ロボットが
意識をもつ日は、まだまだやってこないのではないでしょうか。

思考実験

そういうわけで、ロボットが「意識」をもつ日はまだまだ先ですが、もしロボットが「意識」をもったらどんなことが起きるのかについて、思考実験をしてみましょう。

■ ロボットはただの機械？

現在、ロボットは「ただの機械」なので、壊しても、単に所有者が損をするだけです。

＊

しかし、ロボットが「痛い」「怖い」といった感情をもつようになったら、どうでしょうか。叩いて壊しても、問題ないのでしょうか。

＊

仮に、「ドラえもん」の所有者が「のび太」君だとして、のび太君が「ドラえもん」を金属バットで叩いて壊そうとしたら、普通の人なら「かわいそうじゃないか！」と言って止めるでしょう。

もし、「犬」や「猫」くらいの「意識」をもつロボットが登場したら、「鳥獣保護法」で守られる「犬」「猫」と同様に保護される必要が生じるのではないでしょうか。

■ ロボットのものは誰のもの？

「ドラえもん」が、「ママ」さんからもらったどら焼きを、ロボットの所有者である「のび太」君が、「自分がロボットの所有者なんだから、どら焼きも自分のものだ！」と言って取り上げたら、やはり「かわいそうじゃないか！」と感じるでしょう。

＊

では、遠い未来、意識をもつロボットが苦労して働いて得た「収入」は、誰のものになるのでしょうか。

ロボットの所有者のものでしょうか。

ロボット自身のものでしょうか。

　将来、ロボットにも「所有権」や、人間と同様の「人権」のようなものまで発生するのでしょうか。

　ロボットにも労働組合のようなものができるのでしょうか？

図1-11-2　どら焼きは誰のもの?

■ 自分と自分以外

　「ドラえもん」とまったく同じ製品がもう1個製造されたとして、それにまったく同じ「記憶情報」をコピーしたら、どっちが本当のドラえもんになるのでしょうか。

　また、自分が2人になるわけだから、片方の自分は、もう片方の自分が壊されてしまっても大丈夫…と思うのでしょうか。

　ロボットにとって、「自分」とは、どこからどこまでの範囲なのでしょうか。

■ 意識をもったロボットと共存するために

　遠い未来にはなるでしょうが、「意識をもったロボット」が人と共存するためには、これらを含め、倫理面での課題がたくさん発生することになります。

　それは、もはや「機械」ではなく、「新しい生命」だからです。

　人類はそのとき、ロボットたちの「神」となるのですが、しかし、このようなたくさんの問題をクリアしなければ、「ドラえもん」をお迎えすることはまだまだできなそうです。

第 2 章

ドローンの技術と情報

「ドローン」は、手軽に始められるホビーとして人気が高まっています。

本章では、安全にドローンを飛ばすために覚えておきたい知識や、さまざまなドローン関連情報などについて、まとめました。

2-1　入門機のドローンで空撮

　初めての"ドローン空撮"で、確認すべきポイントなどについて、まとめました。

ドローン要素の2本柱

　「ドローン」(Drone)の本来の意味は、「遠隔操作」や「自律制御」によって飛行する、「無人航空機」を指します。

　しかし、広く一般には、「4基以上のローター」(回転翼)を搭載した「マルチコプター」が、「ドローン」と呼ばれています。

＊

　ドローンを楽しむ要素の2本柱は、「操縦」と「撮影」でしょう。自在にドローンを操る楽しさと、鳥のような目線から、簡単に動画や写真を撮影できます。

＊

　空撮を主要な目的とする場合には、ドローン本体と搭載カメラの性能バランス考慮し、利用目的に合った仕様のドローンを選ぶ必要があります。

　5000円～1万円程度のエントリークラスのドローンでも、「操縦」と「撮影」の最低要件は満たしています。ちゃんと飛びますし、動画や写真の空撮を楽しめます。

チェックポイント

■重量

　ドローンには、本体の重量による法的な区分があります。

　重量200g以上のドローンは「無人航空機」に分類され、操縦者は「航空

機の運航者」としての社会的責任を負います。

2022年6月20日から、100g以上のドローンは、登録が義務化されました。

手軽にドローンを楽しみたい場合には、100g未満の機体を選ぶといいでしょう。

■ 飛行時間と距離

エントリークラスのドローンでは、満充電で5～10分程度の飛行時間が目安です。操縦可能距離は、80～100m程度です。

より上位のドローンには、大容量バッテリが搭載され、10分を超える長時間の飛行が可能です。

*

バッテリはUSBで充電するタイプが主流。ほとんどのドローンは、バッテリを交換できるので、複数個のバッテリを用意しておくといいでしょう。

なお、一部に「内蔵バッテリのみ」というドローンもあります。

■ プロペラガード

ドローンの飛行中に障害物に当たって、プロペラが破損するというトラブルがよくあります。

それを防ぐために、プロペラガードの付いたドローンをお勧めします。機種によっては、プロペラガードが別売りの場合もあります。

■ リモコン

操縦には「Wi-Fi」を使い、周波数は主に「2.4GHz」帯を使います。

ドローンには、リモコンが付属するタイプが多いですが、付属しない機

種もあります。

リモコンの有無にかかわらず、スマホアプリで操縦できます。
ただし、スマホでは正確な操縦がやや難しいので、リモコンがあったほうがいいです。

■ FPV

「FPV」（First Person View, ファースト・パーソン・ビュー）とは、「一人称視点」という意味で、ドローンの搭載カメラからのリアルタイム映像を見ながら操縦する機能です。

多くのホビー用ドローンは、スマホと連携して動作します。
付属リモコンはスマホを装着できるようになっていて、ドローンのカメラ映像を見ながら、自分がドローンに乗っているようなイメージで操縦できます。

図2-1-1　スマホを装着したリモコンの例

スマホを装着したリモコンの例

■ カメラ

ドローンの搭載カメラの仕様は、「解像度1080p以上対応」が目安です。

「720p」の機種では、やや画質に難がある場合が多いです。

撮影画質は搭載カメラによって大幅に異なります。

Youtubeには、ドローンで撮影した動画がたくさんあります。ユーザーの投稿動画で、撮影画質を確認するといいでしょう。

搭載カメラが広角レンズの場合には、周囲が丸みを帯びた映像になります。

映像のゆがみ具合は、ドローンによって異なります。映像のゆがみが少ない場合には、画角が狭くなりやすいという欠点があります。

■ 録画映像の保存

SD（microSD）カード・スロットを装備したドローンでは、カメラ映像を直接SDカードに保存できます。

SDカード・スロットがない機種では、Wi-Fiで映像を転送して、スマホで録画できます。

人気の入門機種

■ HS160-F

「Holy Stone HS160-F」は、通販サイトでベストセラーになったドローン入門機で、価格は約8,000円です。

本体重量は82.4g。720pのカメラを搭載し、撮影画質はドローンとしては標準的ですが、トイカメラ的な映像感です。

「3.7V」、「500mAh」のバッテリで動作し、飛行時間は6〜8分です。

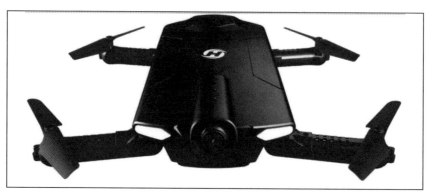

図2-1-2　HS160-F

■ Tello

「Tello」は、高性能ドローンのメーカーとして有名なDJIが作った「トイドローン」で、離着陸はスムーズで、操作性も良好です。

「Tello」は、Intelプロセッサを搭載し、ブロック型ビジュアルプログラミング言語「Scratch」で、「Tello」をコントロールするプログラムを作れます。

また、DJI公式SDK「Tello-Python」も用意されていて、「Tello」用のソフトを開発できます。

撮影用カメラの他に、底面にもカメラセンサを搭載。地面や物体との距離を検知し、多少の操作ミスがあっても、墜落や衝突を回避します。

前面のカメラは「720p/30fps」の撮影が可能。ドローンのカメラとしては、画質は良好です。

本体重量は80g。バッテリ容量は1100mAhで、最大13分間飛行できます。

「Tello」の価格は12,980円（本体のみ）。「Tello」は、スマホの専用アプリで操縦できますが、別売りのリモコンもあります。

図2-1-3　Tello

2-2　ドローン・レース

　ドローンの普及とともに、世界中で「ドローン・レース」が開催され、「エンターテインメント」としても注目されるようになっています。

ドローン・レースの概要

■ コース

　「ドローン・レース」は、決められたコースを周回して、スピードを競います。

　コースは、「フラッグ（旗）」と「ゲート」で設定されていて、「フラッグ」は、通過地点を示します。
　フラッグの代わりに、多数のLEDランプなどの照明装置を使い、コースをカラフルに演出する場合もあります。

　コースに設けられる「ゲート」は、ドローンが通過できるサイズの枠です。

　「ゲート」の形状は四角形や円形が多いですが、六角形など、多角形の「ゲート」もあります。

　コース内には多数の「ゲート」が設置され、その枠内に必ずドローンを通過させる必要があります。

　「フラッグ」を使わずに、すべての「通過ポイント」が「ゲート」のみで構成されるコースもあります。

＊

　1回のレースの参加機体数は、2〜3機の場合や、多数のドローンが同時に飛ぶ場合など、大会によってさまざまです。

■ 半端ないスピード感

　ドローンの最高速度はレースのカテゴリによってさまざまですが、上級カテゴリで約500gクラスのドローンでは、最高150km/h程度の速度が出ます。

　高速での低空飛行は、大迫力です。

■ レース用ドローン

　ドローン・レースは競技ですから、「ルール」や「機体のレギュレーション」(機体の仕様などの規定)があります。

　レギュレーションには、機体の「フレームサイズ」や「重量」、バッテリの「容量」と「電圧」、モータの「個数」、使用する「電波帯」などがあり、それらの1つでも適合しない場合には、レースに参加できません。

＊

　レース用ドローンを選ぶ際には、もちろん、自分の好きなドローンを選べばいいのですが、そのドローンで参戦可能なレースが少なければ、レースの機会が少なくなります。

　あらかじめレースのルールやレギュレーションを調べてから、それに適合するドローンを選びましょう。

　自分が継続してレースに参加できそうなドローンを選ぶことが大切です。

図2-2-1　「DJI FPVシステム」を搭載した高性能レーシングドローン「iFlightX TITANDC5 6S」とDJI FPVゴーグル

■ 手軽なレース用小型ドローン

　「マイクロドローン」の幅は「80〜100mm」程度、「ミニドローン」の幅は「150〜200mm」程度です。

※「マイクロ」や「ミニ」の分類は明確ではなく、手のひらサイズのドローンでも「ミニドローン」という表記が散見されます。

＊

「マイクロドローン」や「ミニドローン」を使うレースは、屋内で行なわれることが多く、初心者でも参加しやすいです。

機体は小さいですが、速度は50km/h以上出ますし、上位機種と同様にドローンの操縦技術が必要です。

図2-2-2　マイクロサイズ（81x81x39mm）のFPVレーシングドローン「Eachine US65 PRO」

■ RTFとBNF

ドローンの販売では、「RTF」や「BNF」といった表記を見かけます。

「RTF」は「Ready to Fly」の略で、「すぐに飛ばせるセット」を表わします。
「RTF」セットには、ドローン、リモコン（プロポ）、バッテリ、充電器など、飛行に必要な機材が入っています。

「BNF」は「Bind-N-Fly」の略で、ドローン本体のみの商品です。

「BNF」の「ドローン」と「リモコン」を別々に購入する方法もありますが、最初は「RTF」セットを購入したほうがいいでしょう。

■ 操縦方法

ドローンの操縦方法には、「目視飛行」と「FPV」(First Person View、一人称視点)があります。

「目視飛行」のレースもありますが、「FPV」のレースが主流です。

「FPV」とは、ドローンの搭載カメラの映像を見ながら操縦する方法です。

ドローン・レースの「FPVモニタ」には、主に「FPVゴーグル」が使われます。

「FPVゴーグル」とは、ラジコン機体操縦用の「HMD」(ヘッドマウントディスプレイ)のことです。

■ FPVゴーグル

ドローン・レースでは、主に5.8GHz帯の電波で映像を送受信します。

「FPVゴーグル」の利用に免許は不要ですが、ドローンは電波送信機なので、5.8GHz帯を使う場合には「第4級アマチュア無線技師免許」の取得と「アマチュア無線局」の開局手続が必要です。

「FPVゴーグル」には、「単眼式」と「二眼式」があります。単眼式のほうが安価で、価格は1万円くらいから。二眼式はやや高価で、3万円からという感じです。

単眼式はやや筐体が大きく、重いです。二眼式はコンパクトサイズで、映像が見やすいので、上級レーサーは、ほぼ二眼式を使っています。

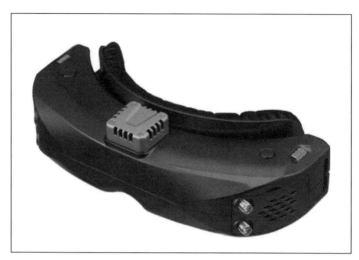

図2-2-3　二眼式FPVゴーグル「SKYZONE SKY04X」

■ レースの運営

　レースの運営団体では、「JDRA」（一般社団法人日本ドローン・レース協会）と「JDL」（一般社団法人ジャパンドローンリーグ）が有名ですが、コロナ禍にあって、「JDRA」の公式サイトは2019年で更新が止まっています。

　一方、「JDL」は、毎年「ドローンリーグ」の競技大会を開催し、「2022League」の開催予定も発表しています。

　また、国内で最大級のドローン・レースには、「SUPER DRONE CHAMPIONSHIP」があります。

2-3　配送ドローン

「無人地帯」に限り、ドローンによる配送業務が始まっています。

一方、「有人地帯」のドローン運用は、2022年内に解禁され、「配送用ドローン」関連の動きが活発になっています。

ドローン運航の「レベル」

自動車の自動運転に、「レベル0（支援無し）〜5（完全自動運転）」の分類があるのと同様に、ドローン（無人航空機）にも「レベル0〜4」が規定されています。

> レベル1：目視内での操縦飛行
> レベル2：目視内での自動/自律飛行
> レベル3：無人地帯における目視外飛行
> レベル4：有人地帯における目視外飛行

航空法における無人航空機の飛行許可制度は、現行法ではレベル3までしか規定されていません。

ドローンによる配送業務を、広範な地域で行なうためには、レベル4の認可が必要です。

「レベル4」では、人がいる場所の上空を飛行するため、極めて高い安全技術が求められます。

KDDIのドローン運用システム

■「スマートドローン・ツールズ」の概要

KDDIは、2022年2月15日から、ドローンの遠隔自律飛行に必要なツールを揃えた、「スマート・ドローン」のサービス提供を開始しました。

　「スマート・ドローン」では、「4G LTEパッケージ」と、関連ツールの「オプション」の組み合わせが可能で、それらの総称を「スマートドローン・ツールズ」と呼びます。

　「4G LTEパッケージ」の基本料金は49,800円/月で、「オプション」には、複数のツールがあり、使うツールごとに料金が追加されます。

図2-3-1　スマートドローン・ツールズ

■ 運行管理アプリケーション

　「スマート・ドローン」の運行管理アプリケーションには、3つの主要機能があります。

①フライトルート作成

　「2次元」または「3次元」の地図を閲覧しながら、フライトルートを決めることができます。

　DID（人口密集地）情報を参照して、最も安全な飛行ルートを選べます。

図2-3-2 ルート作成

②遠隔監視

　モバイルネットワークを通じて、「ドローン搭載カメラ」の映像をリアルタイムに表示。

　「目視外飛行」の運行状況を、常に把握できます。

図2-3-3 遠隔監視

③クラウド

　ドローンで撮影した「画像」や「映像」は、クラウドに自動保存されます。

　撮影時の位置情報も同時に記録されるため、飛行映像の再生と同時に、マップ上で移動ルートを再現できます。

図2-3-4　クラウド

「ペイロード3kg」クラス

　「ペイロード」とは、航空機やロケットの「運搬能力」です。

　「ペイロード3kg」クラスの「業務用ドローン」は、「高性能カメラ」や「測定機材」を搭載するのにちょうどいいサイズなので、「建造物」や「地質」などの調査でよく使われます。

　そのクラスの機体重量は7kg前後で、飛行時間は30分〜1時間程度の性能があり、軽量荷物の運搬にも活用されることになりそうです。

■ ACSL-PF2

「ACSL」はドローン開発の専門企業。

「ACSL」は、「点検」や「監視」などを主目的とする「ドローンACSL-PF1」を開発し、その技術を基に「ACSL-PF2」を開発しました。

「ACSL-PF2」は、6基のローター(回転翼)を装備し、丸い本体カバーが特徴的。

「ACSL-PF2」(標準タイプ)の価格は「379万5千円」です。

*

「ACSL-PF2」をベースに、用途別にカスタマイズした機体が用意されています。

基本的なラインアップには、

①建物・インフラ点検ドローンの「PF2-Vision」
②物流・宅配ドローンの「PF2-Delivery」
③撮影・計測・測量用ドローンの「PF2-Survey」

——という、3種の機体があります。

「PF2-Delivery」は、「完全自律飛行」で、「最長飛行時間35分、片道12km」までの配送が可能。

機体下部には、荷物の運搬機構「キャッチャー」を装備。

「キャッチャー」には、目的地で自動的に荷物を解放する機能があります。

ベース機体の「ACSL-PF2」の最大ペイロードは2.75kg。「キャッチャー」の重量を考慮すると、運搬可能な荷物は、2kg程度になるでしょう。

図2-3-5　ACSL-PF2（PF2-Delivery）

ペイロード30kgクラス

　ドローンには、米や野菜などの食料品を運ぶニーズもあり、そのようなニーズに対応するには、やや大型のドローンが必要です。

　重量物を運べるドローンは、一般配送業務だけでなく、災害時の物資搬送にも役立ちます。

■ PD6B-Type3C

　「プロドローン」は、ドローンの機体と、その関連ソフトの両方を手がける企業。

　「PD6B-Type3C」は、「プロドローン」（PRODRONE）が開発した「6ローター」の「配送用ドローン」です。

　大きさは1874×2060×474mm。最大ペイロードは30kgです。

　「最長飛行距離」は積載物の重量によって変わり、機体のみで約35分、

10kg搭載時で約15分、20kg搭載時で約10分です。

＊

　「PD6B-Type3C」は、レベル3の認可を受けていて、すでに長野県伊那市で、配送業務に使われています。

　「レベル4」が認可されれば、すぐにでも一般配送業務を始められる性能をもっています。標準機体価格は、572万円です。

図2-3-6　PD6B-Type3C

2-4　DJIの最新業務用ドローン

　「ドローン」の基礎技術は、ほぼ確立されたと言ってもいいでしょう。

　新型ドローンは、これまでの技術を基に、より性能を高めています。

　業界をリードするDJIは、最新の業務用ドローンシステムをイベント
で発表しました。

DJIの新製品発表イベント

　DJIは毎年、企業向け新製品発表イベントを開催しています。

　2022年3月に開催されたイベントでは、「DJI US」（アメリカ支部）、プロ
ダクトマーケティング担当のトビー・ナイスリー（Toby Knisely）氏が登
壇して、「業務用ドローンMatrice 30シリーズ」や「空撮用カメラ」などの
装備品、最新の運用システムなどを発表しました。

図2-4-1　サーマルカメラを搭載したドローン
「Matrice 30T」

Matrice 30

「Matrice」(マトリス)は、業務用高性能ドローンのブランド名です。

DJIは2014年、開発者用ドローンとして「Matrice 100」を発表。

それと同時にSDK (Software Development Kit)が提供され、ドローン研究のプラットフォームとして活用されるようになりました。

その後、DJIは「Matrice 600」(2016年)、「Matrice 200」(2017年)、「Matrice 300」(2020年)などのドローンを開発。

そして、最新機種の「Matrice 30」シリーズを発表しました。

近年の「Matrice」は、中型〜大型サイズのドローンでしたが、「Matrice 30」は業務用機体としては小型に分類されます。

＊

「Matrice 30」のサイズは、「Matrice 100」に近く、従来製品の後継と言うよりも、「小型で持ち運びやすく高性能」という市場ニーズに対応した、新カテゴリの機種だと言えるでしょう。

「Matrice 30」のプロペラアーム部を折りたたむと、「365x215x195 mm」というサイズになり、バックパックに入れて持ち運べます。

＊

「Matrice 30」は、小型軽量化により、飛行可能時間が大幅に延びました。

基本的に、小型機は風圧の影響を受けやすいですが、「Matrice 30」は多数の高性能センサを駆使して制御され、従来の中型機と同等の耐風圧性能があります。

また、防塵と防水性能の指標「IP規格」の「IP55」に準拠し、降雨など悪天候への耐久性も高められています。

＊

「IP55」の「55」は、「第1特性」(10の位)と「第2特性」(1の位)を表わす値

です。

第1特性「5」は、「塵埃(じんあい, チリやホコリ)の侵入を完全には防止できないが、機器の動作には問題ない」という特性を表わします。

第2特性「5」は、「あらゆる方向からのノズルによる噴流水によって、機器が影響を受けない」という特性です。

カメラセンサ

「Matrice 30」は複数の「カメラセンサ」を搭載し、「GPS」や「レーザーセンサ」と連携して、高度な映像処理システムを活用できます。

■ ズームカメラ

ボディ前方下部には、箱型のカメラユニットを装備し、「ズームカメラ」「ワイドカメラ」「サーマルカメラ (Matrice 30Tのみ)」を搭載。
ズームカメラは、1/2インチ、4800万画素のCMOSセンサを搭載し、高品質な撮影ができます。

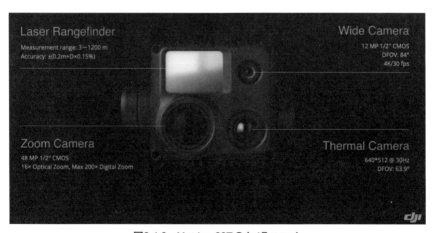

図2-4-2　Matrice 30Tのカメラユニット

■ サーマルカメラ

「Matrice 30T」は、サーマルカメラを搭載します。

サーマルカメラは、赤外線検出センサによって、物体の表面温度分布を映像化します。

人間の目には見えない遠赤外線を検知するため、暗所でも撮影できます。

図2-4-3　目視で確認できない熱源を検知

■ ワイドカメラ

1/2インチ、4800万画素のCMOSセンサを搭載。視野角（DFOV）は84°です。

焦点距離は、最短1mです。

■ FPVカメラ

FPV（First Person View）カメラは、遠隔操縦用のカメラです。

FPVカメラの解像度は1920×1080ピクセル、フレームレートは30fps

です。リモコンのモニタに、鮮明なリアルタイム映像を表示します。

　画像解析技術により、低光度の映像を明るく表示できるので、夜間のマ
ニュアル操縦飛行も可能です。

図2-4-4　夜間飛行時のFPV映像

無線リモコン

　新型無線リモコンの「DJI RC Plus」は、解像度1920x1200ピクセル、
7.02インチの液晶タッチパネルを搭載。

　タッチパネルの両サイドには、スティックや物理ボタンが配置され、主
要な操縦操作に対応します。

図2-4-5　DJI RC Plus

移動可能な離着率ステーション

「DJI Dock」は、簡単に言えば、「ロボット掃除機の充電ステーションのような箱型の装置です。

自動車に積んで運び、どこにでも設置できます。

「DJI Dock」には、ドローンの自動離着陸、収納、充電などの機能があります。「DJI Dock」によるドローンの自動運行は、半径約7kmの範囲をカバーします。

図2-4-5　DJI Dock

表2-1　Matriceシリーズの主な仕様

機種名	Matrice 100	Matrice 600 PRO	Matrice 200 V2	Matrice 300 RTK	Matrice 30
対角寸法(mm)	650	1133	643	895	668
寸法(L×W×H mm)	不明	1688×1518×727	883×886×398	810×670×430	470×585×215
重量(kg)	2.355	9.5	4.69(*1)	約6.3(*2)/約9.6.3(*3)	3.77±0.01
最大離陸重量(kg)	3.4	15.5	6.14	9	4
バッテリー(mAh)	5700	4500	7660	5935	5880
電圧(V)	22.8	22.2	22.8	52.8	26.1
バッテリータイプ	LiPo 6s	LiPo 6s	LiPo 6s	LiPo 12s	LiPo 6s
バッテリー重量(g)	676	595	885	1350	685
ホバリング精度 (P-GPS)	垂直：0.5m 水平：2.5m	垂直：±0.5m 水平：±1.5m	垂直方向：±0.5m ±0.1m(*4) 水平方向：±1.5m ±0.3m(*4)	垂直：±0.1 m (*4) ±0.5 m (*5) ±0.1 m (*6) 水平：±0.3 m (*4) ±1.5 m (*5) ±0.1 m (*6)	垂直：±0.1 m (*4) ±0.5 m (*5) ±0.1 m (*6) 水平：±0.3 m (*4) ±1.5 m (*5) ±0.1 m (*6)
最大速度	79.2km/h	65km/h	81km/h	82.8km/h	82.8km/h
最大上昇速度(m/s)	5	5	5	6	6
最大下降速度(m/s)	4	3	3	5	5
最大風圧抵抗(m/s)	10	8	12	15	15
ホバリング時間	ペイロードなし:22分 ペイロード500g:20分 ペイロード1kg:13分	ペイロードなし:32分 ペイロード6kg:16分	-	-	36分
最大飛行時間	-	-	ペイロードなし:38分 最大離陸重量6.14kg:24分	55分	41分
送信機周波数	2.400～2.483GHz 922.7～927.7MHz（日本仕様）5.725～5.825GHz（海外仕様）	2.400～2.483GHz 920.6～928MHz（日本仕様）5.725～5.825GHz（海外仕様）	2.400～2.4835GHz 5.725～5.850GHz (*7)	2.4000～2.4835 GHz 5.725～5.850 GHz(*7)	2.4000～2.4835 GHz 5.725～5.850 GHz(*7)
伝送距離(*8)	2km	3.5km（日本仕様）	NCC/FCC:8km CE/MIC(日本):5km SRRC:5km	NCC/FCC:15km CE/MIC(日本):8km SRRC:8km	NCC/FCC:15km CE/MIC(日本):8km SRRC:8km
本体価格	約45万円	593800円	約583万円	約90万円	約90万円

*1：TB55バッテリー2個搭載時　*2：バッテリー2個搭載時　*3：TB60バッテリー2個搭載時　*4：下方ビジョンシステム有効時
*5：GPS有効時　*6：RTK有効時　*7：法令により日本では利用不可　*8：伝送距離は屋外障害物等による干渉が無い場合の目安

2-5　ウクライナで使われるドローン

　ロシアのウクライナ侵攻が長期化する中で、「ドローン」が非常に役立っていることが分かってきました。

役立つドローン

　ウクライナでは、約1000機のドローンが使われているようですが、他国からの支援により、さらに多くのドローンが利用できる状況だと考えられます。

　それらのドローンには、安価な「トイドローン」から、飛行機型の「軍事用ドローン」まで、他種多様な性能の機種があります。

図2-5-1　ウクライナ軍が所有するトルコ製軍事用ドローン（無人航空機）「バイラクタルTB2」
※ Photo:Wikipedia/Author:Bayhaluk

ドローンの主な利用目的

■ 偵察

ドローンの搭載カメラは、録画やライブ映像の転送が可能です。

ウクライナの偵察隊はドローンを携行し、ドローンの発進に適した場所まで移動。

ドローンを飛ばして、そのカメラ映像からロシア軍の動きを調査します。

その情報を基に、ロシア軍の戦車などの車両を攻撃。

車両の移動には道路を使わざるを得ないため、隠すのが難しく、上空からの映像により、高精度に対象物の位置を把握できます。

ロシア軍が、兵器や弾薬の準備を始めれば、その映像情報が得られます。

その情報を基に、近隣住民の避難を促すといった目的にも、ドローンが役立っています。

■ 攻撃

ウクライナのドローン愛好家が集い、ロシア軍対策にドローンを提供しています。

それらのドローンの一部には、「モロトフカクテル」(火炎瓶)を搭載し、遠隔操作で投下できるように改造された機体もあります。

「モロトフカクテル」は、投石よりも威力があり、比較的簡単に作れることから、「弱者の武器」とも呼ばれています。

*

一般にドローンは完成機体として販売されていますが、自作パソコンのように、個々のパーツを選んで、高性能なドローンを組み立てることができます。

ウクライナのドローン愛好家が提供するのは、主に自作ドローンです。

偵察に必要な飛行時間や、ドローン搭載カメラの映像品質などを考慮しながら、ドローンを組み立てているようです。

　自作ドローンは、構成パーツによって性能は異なりますが、高性能パーツを選ぶと、積載物なしの状態では、最高速度60〜80km/h程度の飛行が可能です。

■ 攪乱

　2022年4月中旬、ロシアのミサイル巡洋艦「モスクワ」が沈没したことが報じられました。「巡洋艦」とは、遠洋航行能力をもった軍艦です。

　「モスクワ」と言えばロシアの首都。そんな名前が付けられているくらい、ロシアにとって重要な戦艦です。

　「モスクワ」は旗艦（司令官の乗る艦）を務めることもありました。

＊

　ウクライナ侵攻で、ロシア軍は「モスクワ」をウクライナ南部、黒海の沖合に配備。対空ミサイルを搭載した「モスクワ」には、ウクライナ空軍機の活動を妨げる役割がありました。

　ウクライナは「『モスクワ』に、2発の対艦巡行ミサイル『ネプチューン』を命中させた」と発表。

　一方、ロシアは、「『モスクワ』で火災が発生し、搭載弾薬まで延焼。

　乗組員が退艦した後の曳航中に、悪天候によって沈没した」と発表していて、ウクライナの攻撃で沈没したことは否定しています。

＊

　「ネプチューン」は、ソ連時代の対艦ミサイルを基に、電子制御システムを改善して作られたミサイル。

　今回のロシア侵攻が始まる直前に完成して、実戦投入されたと伝えられています。

　「ネプチューン」の性能は、海上自衛隊が所有する、米ダグラス社製の対艦ミサイル「ハープーン」と同等と考えられています。

　「ハープーン」は、発射後に海上15mという低空で飛行し、標的に近づくと、レーダーで標的を判別して突入します。

　敵艦付近の海域で、いったん迂回飛行してから突入したり、高高度に上昇してから突入したりするなど、迎撃されにくい航路をとれるような機能をもっています。

　迂回飛行には、ミサイルの発射地点を悟られにくくする目的があります。

＊

　「モスクワ」は、対空ミサイルや機関砲がレーダーと連動する、複数の防空システムを搭載しています。

　そのようなシステムが機能せずに、なぜ「ネプチューン」が命中したのか。

　低空飛行する対艦ミサイルが迎撃しにくいことは前提にあります。

　そして、ドローンを先行させて「モスクワ」に接近し、ドローンを囮として防空システムを攪乱したことが、「ネプチューン」の成功に重要な役割を果たしたという説が有力です。

　攻撃される側からすると、ドローンに弾薬が搭載されている可能性も無視できません。

　ドローンと従来型兵器の組合せにより、戦闘の様態が変化すると言われています。

図2-5-2　ネプチューンの発射実験（2019年）

Photo:Wikipedia/Attribution President.gov.ua

日本政府が提供するドローン

　日本政府は、紛争地域への武器供与はできませんが、現地民の生命を守る目的の備品などは提供しています。

　日本政府は2022年4月下旬、防衛省が保有するドローン、化学兵器に対応する防護マスクや防護衣などを、ウクライナに提供することを発表しました。
　そのドローンについて日本政府は、「特別に開発された機体ではなく、市販されていて一般に入手可能なドローン」と説明しています。

　防衛省は、主に「災害飛行ロボット」と位置付けられたドローンの導入を進めていて、2021年度には約470機のドローンを所有しています。

図2-5-3　陸自が所有するParrot社の小型ドローン「ANAFI」
写真は市販品。ウクライナに提供されるドローンに含まれるかどうかは不明。

2-6　変わった形のドローン

「ドローン」と言えば、4～8本のアームにプロペラが付いた形態が基本ですが、それに当てはまらないドローンも登場しています。

ヤマト運輸の輸送ドローン

■ 高速輸送ドローン「APT70」

ヤマトホールディングス（ヤマト運輸の親会社）は、米国のヘリコプターメーカーのベル（Bell Textron）社と共同で、「ラストワンマイル」の輸送を想定した、ドローンを開発しています。

＊

ドローンの自律飛行による配送の実証実験は2019年8月、米国テキサス州で行なわれました。

使われた機体は、「APT70」（Autonomous Pod Transport 70）というドローン。

図2-6-1　「APT70」（ヤマトホールディングス）

　「APT70」は、4台のプロペラ飛行機のボディが合体したような形状です。

　H型に組まれたパネル状のフレームの両端に、4つの「飛行機のようなボディ」が付いていて、プロペラの反対側には尾翼があります。

　「H型のパネル」はフレームであるのと同時に、「翼」の役割を果たします。

　ホバリング時には垂直に飛行し、水平姿勢に移行すると高速に飛行できます。

　一般形状の高性能ドローンの速度は、80km/h程度ですが、「APT70」は、巡航113km/h、最高160km/hの高速飛行が可能で、航続距離は約56km（35マイル）です。

　「APT70」は、専用設計の貨物ユニット「PUPA70XG」を装着して荷物を運びます。積載重量は32kgまで対応。飛行中は貨物ユニットにも風圧がかかるため、風の抵抗を低減するために「PUPA70XG」は流線型にデザインされています。

■ プロペラが無いドローン

　「CCY-01」は、ヤマトホールディングスが開発中の運送ドローン。

　プロペラの代わりに「サイクロジャイロローター（Cyclogyro Rotor）」という、縦回転ローターによって飛行します。

　「サイクロジャイロローター」は、前後に2基ずつ、中央付近に2基を装備。

　「サイクロジャイロローター」は、オーストリアのサイクロテックが開発した航空推進機構で、5枚の羽が2枚のディスクに挟まれた構造です。

　各羽は個別に角度を制御できるようになっていて、回転速度と羽の角度で推進力や姿勢を制御します。

　羽の角度は常に変動していて、各羽は1回転の間に、滑らかに角度を変えながら飛行。この仕組みによって、推進力の方向を、自在に360度変更できます。

　「CCY-01」の最高速度120km/hで飛行可能で、航続距離は約40kmです。
＊
　一般にドローンは風に弱いと言われていますが、「CCY-01」は25ノット（約13m/s）の横風が吹く状況でも、問題なく離着陸できます。

　荷物の運搬には、「PUPA70XG」を改良した貨物ユニットが使われるようです。

図2-6-2　「CCY-01」の地上イメージ（ヤマトホールディングス）

宇宙船内で活躍する球体ドローン

■ Int-Ball

　「Int-Ball」(イントボール)は、宇宙船内で浮遊飛行する、自律移動型船内カメラです。

　その形状は球体で、直径は15cmというコンパクトサイズ。

＊

　「Int-Ball」は2017年6月、アメリカの民間宇宙企業スペースX社が開発した無人宇宙船ドラゴンに積み込まれて国際宇宙ステーションに輸送され、運用を開始しました。

　「Int-Ball」は、撮影用カメラ、飛行制御用カメラ、超音波測距センサ、三軸制御センサなどを装備し、12基の推進用ファンで宇宙船内を飛び回ります。

　筑波宇宙センターから「Int-Ball」を遠隔操作して、撮影を行ない、その映像を基に宇宙飛行士に作業指示を出すことができます。

　宇宙の作業では、作業と同時に撮影も必要。「Int-Ball」に撮影を任せれば、宇宙飛行士の負担を減らせます。

　宇宙飛行士による撮影は、宇宙作業の約1割を占めると言われています。

図2-6-3　映像撮影中の「JEM自律移動型船内カメラ(Int-Ball)」(JAXA/NASA)

■ CIMON-2

「CIMON-2」(サイモン-2, Crew Interactive MObile CompanioN 2)は、宇宙船内を飛び回り、宇宙飛行士を支援するAIアシスタントロボット。

「CIMON-2」は、直径32cmの球体に近い形状です。

「Int-Ball」と大きく異なるのは、球体の一部が平面になっていて、その平面部分には、ディスプレイモニタを装備し、作業員に情報を伝えます。

*

「CIMON-2」のAIは、IBMの「ワトソン」が担当。

「ワトソン」の本体は、IBMのサーバにあります。

「CIMON-2」は2018年6月末に打ち上げられたドラゴンに乗せて、国際宇宙ステーション (ISS) に運ばれました。

図2-6-4　ISSで稼働する「CIMON-2」(ESA/DLR/NASA)

■ なんでもドローン

高性能な業務用ドローンを手がける企業のプロドローンは、なんでもドローンにしてしまう「ANYDRONE」を開発。

「ANYDRONE」は、4個のプロペラ付きユニットから構成されます。

*

「ANYDRONE」はボディを持たず、「運びたい物」に取り付けて利用します。

たとえば、パイプフレームの椅子に「ANYDRONE」を取り付けると、椅子がドローンに変身。

「ANYDRONE」のユニットが取り付けられない形状の物は運べませんが、適当な運搬用フレームを用意すれば、さまざまな荷物を運べるドローンとして利用できます。

ペイロード（最大運搬能力）は15kgなので、15kgから運搬用フレームの重さを引いた重さの荷物を運べます。

図2-6-5　ANYDRONE（プロドローン）

2-7　無人航空機の登録義務化

　「ドローン」(無人航空機)の新しい登録制度が始まりました。

　どのような登録が必要なのでしょうか。その骨子を把握しておきましょう。

「登録制度」施行の背景

　「無人航空機の登録義務化」が、2022年6月20日から始まりました。

　安全に留意して、ルールを守ってドローンやラジコン飛行機を飛ばしていた人にとっては、余分な手間や費用がかかることになります。

　しかし、ルール無視でドローンを飛ばして、他者に迷惑をかける事例が増えてきたため、運用ルールの厳格化はやむを得ないかもしれません。

*

　「登録制度 施行」の主な目的は、以下の3点です。

・事故発生時の所有者の特定
・事故の原因究明や安全確保
・安全な飛行に問題のある機体の登録拒否

図2-7-1　登録制度施行の背景 / 無人航空機登録ポータルサイト
https://www.mlit.go.jp/koku/drone/

登録義務化の対象

　登録義務化は、「ドローン」だけでなく、「ラジコン」の飛行機やヘリなども対象になります。

　「重量が100g以上の機体」がすべて対象になるので、膨大な数の無人航空機に登録義務が課せられます。

　いわゆる、「トイ ドローン」や玩具系ラジコン機でも、100g以上あれば登録対象になるため、今後の購入時には、機体重量の確認が必須になるでしょう。

航空法の適用も「200g」から「100g」へ

　特定空域の飛行制限や飛行ルールは、「200g以上」のドローンが対象になっていましたが、登録義務化の開始と同時に、100～199gのドローンも対象になります。

＊

　以下のような空域でドローンを飛ばす場合には、無人航空機飛行許可を申請して、国土交通省の許可を得る必要があります。

・空港等の周辺空域
・人または住宅の密集している地域の上空
・地表または水面から高さ150m以上の空域
・緊急用務空域
・国会議事堂など国の重要な施設、外国公館、原子力事業所などの周辺

　消防、救助、警察業務など、緊急用務を行なう航空機の飛行の安全を確保するために、国土交通大臣が無人航空機の飛行の禁止空域を指定する場合があります。

そのような空域を、「緊急用務空域」と呼びます。

罰　則

　国交省によると、登録対象のドローンを登録せずに運用した場合には、「1年以下の懲役又は50万円以下の罰金を科す」としています。

　ただし、これは既存の航空法に基づくルールをドローンにも適用することを決めただけなので、ドローンの運用違反に対して、実際にどの程度の懲罰になるかは、まだ明らかにされていません。

登録方法

■ 登録手順

　書類提出によるドローンの登録申請も可能ですが、電子メールによる本人確認があるので、オンライン申請をお勧めします。

[手順]

[1]申請内容に問題がなければ、手数料納付番号が発行されます。

[2]手数料を支払って、手続が完了すると「無人航空機の登録番号」が発行されます。

[3]ドローンを飛行させる際には、登録番号を機体に表示する必要があります。

■ オンライン登録

　まず、国土交通省運営の「DIPS」サイトの「ドローン登録システム」に
アクセスして、ユーザーアカウントを開設。

　メールで届いた「ログインID」を使って、登録システムにログイン。

　本人確認を行なって、ドローンの機体情報などを入力して申請すると、
手数料納付番号がメールで届きます。

　手数料納付が完了したら、登録システムにログインして、ドローンが正
しく登録されているか確認してください。

■ 手数料

　ドローンの登録申請には、本人確認が必要です。

　オンライン申請の際に、マイナンバーカードで本人確認すると、手数料
は900円です。運転免許証やパスポートなどを使うと1450円。書類で申請
すると、2400円かかります。

　ドローンの登録には有効期限があって、その期限はたったの3年。

　たとえ安価なトイドローンであっても、3年ごとに更新しなければなら
ず、100gを超えるトイドローンの使用をやめる人が増えるかもしれません。

■ リモートID

　ドローンの登録義務化に伴い、「リモートID」の搭載が義務づけられま
した。

　「リモートID」とは、機体を無線で識別するための発信器です。
　一部のドローンは、メーカーによるファームウェアアップデートで、

「リモートID」に対応します。

　外付けの「リモートID」もありますが、その価格は約4万円と、非常に高価です。

　今後、ドローン購入の際には、「リモートID」に対応した機体を選ぶことをお勧めします。

軽量ドローン

　ドローンの登録義務化で、100g未満の軽量ドローンの注目度が高まっています。

　軽量ドローンにも高性能な機種があり、登録不要で手軽に楽しめます。

■ HS420

　HOLY STONEの「HS420」は、重量わずか31gの超軽量ドローン。1万円前後のセットで、リモコンと3個のバッテリが付属します。

　プロペラを囲むようなガードが付いていて、屋内で安全に飛ばせます。

　「手投げテイクオフ」「体感操作」「高速旋回」「ホバリング」「3Dフリップ」「軌跡飛行」など、多彩な飛行モードを搭載。

　「手投げテイクオフ」は、ドローンを軽く投げ出すと、自動的に飛行を開始する機能です。

　「軌跡飛行」は、スマホアプリで「指定線路」(自動飛行ルート)を設定する機能です。

図2-7-2　HS420/HOLY STONE

2-8　無人航空機の操縦ライセンス制度

「国土交通省」(国交省)は、「無人航空機」の「運用制度」の整備を進めています。

「操縦ライセンス制度」は、2023年の早期に開始される見込みです。

「操縦ライセンス制度」の概要

2022年6月から、無人航空機の登録が義務化され、ドローンなどの機体認証制度の枠組みはおおむね固まってきました。

そして、2022年度後半から2023年度の早期にかけて、「操縦ライセンス発行」の環境整備が進められています。

「操縦ライセンス制度」は、無人航空機の飛行に必要な、知識と技能を有することを証明するために創設された制度です。

＊

現行制度では、「レベル4飛行」は許可されず、「レベル3」以下の飛行で、「一定の空域」や「一定の飛行方法」で無人航空機を飛行させる場合には、飛行ごとに国交省大臣の許可・承認が必要です。

〔一定の空域〕　　　空港周辺、高度150m以上、人口密集地域上空
〔一定の飛行方法〕　夜間飛行、目視外飛行等

＊

国交省がライセンス制度を推進する大きな理由の1つは、安全かつ円滑に、「レベル4飛行」を運用できる環境を整えることです。

「レベル4飛行」とは、「有人地帯 (第三者上空)での補助者なし目視外飛行」と定義される飛行方法です。

現行法では、原則的に「レベル4飛行」は不可で、飛行ごとに国土交通大臣の認可・承認が必要です。

図2-8-1　飛行方法のレベル

操縦ライセンスを取得すると、飛行ごとの許可を取らずに運行できるようになり、大幅に手続を簡略化できます。

＊

ただし、以下3つの条件を満たす必要があります。

①機体が「機体認証」を受けている
②操縦ライセンスを有する者が操縦
③運行ルールに従う

操縦ライセンス制度が始まると、ドローンによる運送や調査などの業務運行を円滑に進められるようになるでしょう。

ドローンスクール

　これまでは、ドローンスクールなどを運営する民間団体が、それぞれ独自のライセンスを発行していましたが、今後は国家ライセンスが主体になります。

＊

　これからドローン操縦の講習を受けて、ライセンス取得を目指す人は、特に急ぐ理由が無ければ、正式なライセンス制度が始まるのを待ったほうがいいでしょう。

　すでに民間団体発行のライセンスを持っている人は、操縦ライセンス取得の実地試験が免除される可能性があります。

　ただし、その民間団体が、講習機関として国の認定を受けて、登録されている必要があります。

　また、講習機関によって、講習レベルが異なるため、免除される事項は講習内容によって異なります。

講習と試験

■「一等」と「二等」のライセンス

　操縦ライセンスには、「一等」と「二等」があり、有効期間は3年です。

　レベル4の運行には「一等」操縦ライセンスが必要です。

＊

　「二等」操縦ライセンスを取得すると、レベル1〜3の運行で、原則として飛行ごとの認可・承認が不要になります。

　「二等」操縦ライセンスは、ドローン運行に必須というわけではなく、「手続を簡略化するためのライセンス」という位置付けになっています。

＊

　試験は、国の認定を受けた指定試験機関が実施します。

　公平性と中立性を確保するために、1法人が試験機関として認定され、

試験の実施を管理します。

■ 身体検査

　試験では、まず身体検査があり、学科試験と実地試験が行なわれます。

　なお、公的免許証の提出により、身体検査をパスできるようです。

　おそらく、自動車等の運転ができれば、問題無いと判断されるのでしょう。

　身体の状態が、無人航空機の操縦に支障があると判断された場合には、ライセンスを取得できない可能性があります。

　ただし、何らかの対策で問題点を解消できる場合や、補助者のサポートによって操縦できると判断された場合には、ライセンスの取得が可能です。

■ 学科試験

　学科試験は、「CBT」(Computer Based Testing)の採用が予定されています。

　「CBT」は、パソコンを用いて試験を行なう方式です。「CBT」では、テキストベースの出題の他、動画や音声を扱った出題も可能。近年、資格認定試験などで「CBT」の導入が進んでいます。

学科試験は、以下のような形式で行なわれます。

〔出題形式〕	三肢択一式（一等：70問　二等：50問）
〔試験時間〕	一等：75分程度　二等：30分程度
〔試験科目〕	操縦者の行動規範、関連規制、運航、安全管理体制、限定に係る知識等
〔有効期間〕	3年間

■ 実地試験

実地試験には、飛行前のリスク評価、手動操縦、自動操縦、緊急時対応、飛行後の記録などの科目があります。

試験では、実機の操作に加えて、口頭試問等の実施が検討されています。

たとえば、試験官が操縦の指示を出し、受験者がそのとおりに操縦するような課題が想定されます。

ライセンスを取得するための講習は、登録認定されたドローンスクールで受けられます。講習の修了者は、実地試験が免除されます。

2-9 エンターテインメントで活躍するドローン

夜の人気イベントと言えば、花火大会が思い浮かびます。
最近では、花火と並んで、多数のドローンが夜空を彩る「ドローンショー」の人気が高まっています。

多彩な演出を実現する「ドローンショー」

多数のドローンの編隊飛行を楽しむイベントを「ドローンショー」と呼びます。

「ドローンショー」は、ドローンのイベントとして開催されるだけでなく、音楽コンサートやスポーツなどのイベントとのコラボ演出として行なわれることも。

*

「ドローンショー」には、ドローン自体の編隊飛行を楽しむものと、暗い場所で、ドローンに搭載されたLEDを発光させて、花火のように、3Dビジュアルを表現するものがあります。

編隊飛行を楽しむような「ドローンショー」は、屋内で行なわれることが多く、10〜50機程度の比較的少ない機数でも成立します。

LED発光による夜空の「ドローンショー」は、近年人気が高まっています。

カラフルで立体的なアート図柄を、夜空に描くことができます。

夜空をクジラが泳いだり、鳥が羽ばたいたりするなど、滑らかなアニメーション表現ができますし、ある図柄から他の図柄に、瞬時に切り替えるような演出もできます。

LED発光の「ドローンショー」では、1機のドローンが1ドットを表現するため、画像の解像度と同様に、ドローンの機数が多いほど、高詳細な映像表現ができます。

ただ、機数が増えると、イベントの開催費用も嵩みます。

最近の主なイベントでは、300～500機程度のドローンを使う場合が多いですが、100機程度のショーでも、300～500万円の費用がかかります。

なお、インテルのドローンショーは、200機で9万9000ドル（約1300万円）です。

東京五輪のドローン演出

「東京オリンピック2020」のドローン演出では、インテル製の機体が使われ、制御用の無線通信をドコモの5Gが担当。

東京五輪の開会式では、ドローンによる巨大3Dオブジェクトが、国立競技場の上空に映し出され、世界的に大きな注目を集めました。

＊

事前のNTTによる計画では、2020年に合わせて、2020機のドローンを使う予定だったようですが、実際の開会式では、1824機のドローンが飛行しました。

図2-9-1　youtube Olympics チャンネル
「The Tokyo 2020 Opening Ceremony - in FULL LENGTH!」

インテル Shooting Star システム

　東京五輪で使われた、ドローン制御のシステムを「インテル Shooting Star システム」と呼びます。

　そのシステムに使われるドローンには、「PREMIUM DRONE」と、「CLASSIC DRONE」の2機種があり、東京五輪では前者が使われました。

　「PREMIUM DRONE」は、演出用のLEDを4つ搭載。重量は340gと、業務用ドローンとしては小型ですが、11m/sの風に耐える性能があります。飛行可能時間は約11分です。

　制御基板などを収めた中央のボディはコップのような形で、水平方向の全方向への転換がスムーズに行なえます。

　ローターを支えるアーム部は、プロペラガードと一体成型です。必要最低限の細い骨組みにして軽量化を図り、透明の樹脂素材により、LED発

光への影響を最小限に抑えます。

　「Shooting Star」は、数千機のドローン群を1台のコンピュータで制御
できます。

　システムにはAIが組み込まれていて、たとえば、突発的な強風でド
ローンが予定軌道を外れた場合には、AIの自己解析によって自動的に編
隊を補正します。

　その際に、ドローン間の距離を適切に保ち、ドローン同士の衝突を防ぎ
ます。

最新のドローンショー用機体

■ TAKE

　「ドローンショー」の運営を手掛けるレッドクリフは、9月からドロー
ンショー用機体「TAKE」の先行予約の受注を開始。

　機体サイズは204場167×74mm、重量は403g。最大約10分間飛行でき
ます。

　白いボディの下部に発光部を装備しています。「TAKE」は日本の電波
法に対応し、2.4GHz帯の電波で制御します。

　レッドクリフは、すでに700機規模のドローンショーを成功させていま
す。

　2022年6月には、横浜開港祭で500機のドローンショーを開催。クジラ
や帆船など、さまざまな美しい立体オブジェクトを横浜港の夜空に映し
出しました。

　「TAKE」は、そのようなイベントに使われた機体です。

図2-9-2　TAKE ／レッドクリフ
https://redcliff.xyz

■ unika

　「ドローンショー」や「ドローン空撮」などを手がける（株）ドローンショーは、（有）スワニーと共同で、ドローンショーに特化した機体「unika（ユニカ）」を開発しました。

　スワニーは、3Dモデリング技術を得意分野とする、製品設計会社です。「unika」のボディやアームなどの主要パーツは、高性能な業務用3Dプリンタで製作しています。

　「unika」の中央部は、丸い形の透明ボディ。方向転換性能や発光の視認性を高める透明素材の採用など、設計コンセプトがインテルの「PREMIUM DRONE」と似ています。

図2-9-3　ドローンショー用機体「unika」/（株）ドローンショー
https://droneshow.co.jp

2-10 ドローン配送サービス「Amazon Prime Air」

これまで、「Amazon」のドローン配送サービスの開始は、何度も延期されてきました。しかし、地域は限定的ですが、ようやく開始されるようです。

年内にサービス開始？

AmazonのCEO（現・取締役会長）ジェフ・ベゾスは2013年、ドローンによる配送サービス「Amazon Prime Air」の計画を発表。

その計画の当初には、2015年の配送サービス開始を目指していました。

ところが、広範囲の顧客に対応するネットワークの構築が困難なことや、法規制の問題をクリアできず、開始は延期されました。

＊

米国連邦航空局（FAA）は2016年8月、小型UAV（無人航空機）の商用利用の新しい規定を発表。

主な規定には、機体重量55ポンド（約25kg）未満、最大高度400フィート

（約122m）、飛行速度制限時速100マイル（約161km/h）以下などがあります。

　ドローンの操縦者には、16歳以上という年齢制限があり、飛行証明書を取得する必要があります。

　飛行可能な時間帯は、日の出30分前から日没の30分後まで。

　季節によって、サービス提供時間帯が変わるという問題はありますが、ドローン配送に限らず、多くの分野で商用ドローンの運用ができるようになりました。

＊

　Amazonは新しい規定に合わせて、ドローンと配送システムを開発し、試験飛行を行なってきました。

　Amazonは2022年6月、ドローン配送サービスをカリフォルニア州ロックフォードで開始する準備をしていることを明らかにしました。

　「Prime Air」の開始日は未定ですが、「今年（2022年）の後半」と発表されています。

　このサービスが始まると「Amazonで注文した商品が1時間以内に届く」という、高速配送が実現します。

センス・アンド・アボイド・システム

　比較的近距離のドローン配送では、目視飛行で安全性が確保できます。

　一方、長距離のドローン配送では、目視外飛行の安全性確保が最重要課題です。

　鉄塔などの建造物や他の航空機との衝突回避はもちろんのこと、低空飛行時には、人間や動物などを確実に避けながら飛行させる必要があります。

＊

　そのような安全運航を実現するために開発されたのが、「センス・アンド・アボイド・システム」です。

　「アボイド（avoid）」は「避ける」という意味です。

　固定された構造物の自動回避は比較的簡単ですが、「アボイド・システム」では、航空機や動物など、動くオブジェクトも検知して、避けることができます。

荷物の下ろし方

　ドローン配送の主な荷物の下ろし方には、次の3種類があります。

①着陸してから下ろす
②ホバリングしながら、ロープを伸ばして、荷物を降下させる
③ホバリングしながら、空中で荷物を解放して、落下させる

　「Prime Air」の配達では、安全な高度でホバリングして、人などがいないことを確認してから、「荷物を解放して落下させる」という方法が採用されるようです。

　その方法では、人の身長よりも高い位置から落下させるため、ドローンが人に接触する危険を避けられます。

　また、配達が迅速に完了するというメリットもあります。

＊

　「落下させる」という配達方法は、壊れやすい商品には不向きです。

　陶器やガラス製品、精密機器などが「ドローン配達可能商品」に含まれるかどうか、注目されます。

機体開発の変遷

Amazonの初期の配送用ドローン「MK4」は、比較的オーソドックスな形状の6ローターのドローンでした。

図2-10-1　MK4　（https://www.aboutamazon.com/）

Amazonは2015年11月に、VTOL（垂直離着陸）のできる、ユニークな形状のドローン「MK23」を発表しています。

「MK23」の見た目は航空機型ですが、大きな主翼はありません。

基本的に8ローターのドローンなのですが、さらに1基のローターを尾翼に装備します。尾翼のローターは垂直に取り付けられていて、推進力を高めます。

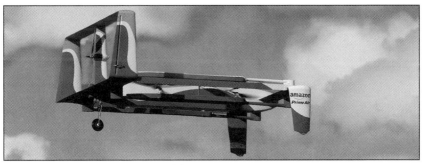

図2-10-2　MK23

121

一般にドローンは、飛行時の揚力がほとんど発生しません。

そのため、空中姿勢を保つために、多くのエネルギーを要します。

「MK23」の開発では、そのようなドローンの欠点を補い、航行速度とエネルギー効率の向上を模索したのではないかと考えられます。

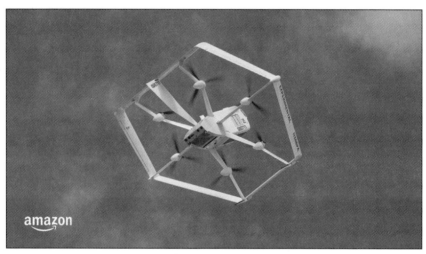

図2-10-3　MK27-2

最新のドローン「MK27-2」は、6ローターに戻りました。

フレーム全体の形状は六角形ですが、正六角形ではなく、1辺だけがやや長くなっています。

その長い部分には垂直尾翼のようなパネルを装備し、中央の胴体とつながっています。

＊

こうしたフレーム形状により、ドローンの特性を損なうことなく、推進力を高めています。

ドローンの六角形の外周部は、細長いパネルになっていて、フレームと

プロペラガードを兼ねています。

　周囲のパネルの一部には、飛行機の翼の「フラップ」のような部分が見られ、周囲のパネルは翼の役割もあると考えられます。

＊

　ドローンの高速飛行では、進む方向に機体を傾けます。その際に「MK27-2」のパネルに揚力が発生します。

　揚力が発生して、ローターのパワーを推進力に使える割合が増えれば、同じバッテリ容量で、より遠くまで荷物を運べます。

　Amazonのドローンの変遷を見ると、いろいろな研究を重ねた結果、「ドローンらしい形状」に落ち着いたところが、興味深いです。

2-11　ドローンの歴史と未来

　「ドローン」と呼ばれる機体の歴史は浅く、登場から十数年を過ぎたところです。

　しかし、「ドローン」という名称は、世界大戦の時代から使われています。

ドローンの由来

　単に「ドローン」と言えば、水平に取り付けられた4基（またはそれ以上）のローターで飛行する機体をイメージしますが、それは狭義の意味のドローンであり、「マルチコプター」とも呼ばれます。

　本来のドローンは、無人航空機（UAV, Unmanned Aerial Vehicle）を指します。

＊

「ドローン」という言葉の由来には、2つの説があります。

■ ミツバチの羽音に由来する説

　「ドローン」(drone)は、「ミツバチの雄蜂」という意味で、それに由来して"ブンブン"とか"ブーン"という意味もあります。

　UAVの飛行音が「蜂」のようだったので、「ドローン」と呼ぶようになった、という説です。

■ イギリスの訓練用飛行機に由来する説

　イギリスが1930年代に製造した複葉機「デ・ハビランド DH.82 タイガー・モス」は、軍や民間の初等練習機として使われました。

　愛称の「タイガー・モス」(Tiger Moth)は、昆虫の「ヒトリガ」(火取蛾)という意味です。

＊

　イギリスは「タイガー・モス」を、「無線で遠隔操縦」できるように改造し、「標的」として「対空射撃」の訓練に使いました。

　その機体は、「クイーン・ビー」(女王蜂)と呼ばれ、その呼称が転じて「ドローン」と呼ばれるようになったとされています。

図2-11-1　DH.82A タイガー・モス（Wikipedia）

　最初は「ブンブン野郎が来たぜ！」という感じで、兵士の会話の中で「ドローン」という言葉が使われはじめ、次第に「UAV＝ドローン」という認識が定着したのかもしれません。

最初のドローン

　世界初のマルチコプター型ドローンは、Parrot（パロット）が開発した「AR.Drone」だと言われています。

　Parrot本社はフランスのパリにあり、ワイヤレス機器メーカーとして1994年に設立。2017年からは、ドローンの専門メーカーになりました。

　「Parrot」は「オウム」という意味。鳥の名を冠した企業が「ドローン」を創ったというのは、なんともドラマチックな話です。

＊

　「AR.Drone」は2010年1月、ラスベガスで開催された電子機器の見本市「CES」（Consumer Electronics Show）で発表されました。

　「AR.Drone」は、ブラシレスモータで駆動する4基のローターを装備し、Wi-Fiで接続してスマホで操縦できます。

　電源には、リチウムポリマー電池を使い、飛行可能時間は約15分。
　機体前方に、VGA（640x480ドット）解像度、15fpsの小型カメラを装備し、飛行映像をスマホに表示できます。

　プロペラガードを装備した状態で、サイズは52.5×51.5cm。重量はわずか400g。飛行速度は最大約18km/hです。

　制御基板には、加速度センサ、ジャイロスコープ、カメラなどのセンサ類を装備。そのカメラは下方を映します。

　解像度は「176x144」ドットと低いですが、「60fps」という高フレームレートで光を検知して、機体速度を測定します。

　4基のローターやセンサによる機体制御など、「AR.Drone」はドローンの基本的な装備を漏れなく搭載していて、現在のドローンのひな形になりました。

図2-11-2　デモ飛行中の「AR.Drone」
Youtube：Parrot AR.Drone チャンネル
「AR.Drone Tutorials #01 : Indoor Flight Instructions」

航空法改正の問題点

　2022年には、航空法が改正され、ドローン操縦に必要なライセンスの取得や登録申請手続の制度が施行されました。

＊

　基本的なルールすら守れない一部の悪質ユーザーがいるため、運用ルールの厳格化はやむを得ないかもしれません。

　しかし、煩雑な手続や手数料、高額な「リモートID」デバイスの購入な

ど、大きな負担がドローン・ユーザーに課せられるようになりました。

＊

　これらの法改正は、業務でドローンを使う場合には、許容範囲でしょう。
しかし、個人のホビーユーザーにとっては、負担が大き過ぎます。

　近年、ドローンの上級者によるレースなどの競技会が開催され、アーバンスポーツとして人気が高まってきました。
　しかし、直近の航空法改正は、ドローンの人気に少なからず悪影響がありそうです。

ドローンの未来と課題

　ドローンの「自律飛行が可能」という特性は、農薬散布作業や配送業務に向いています。

　たとえば、機体幅が1mクラスのドローンでは、約10Kgの農薬を積載して飛行すると、約1.25ha（12500平方メートル）の農地に散布できます。
　10a（1000平方メートル）を約1分程度で散布でき、作業を人力散布の約5倍の速さで完了します。

　近い将来、日常的に多数の業務用ドローンが飛び交うようになると予想されています。配送や各種調査用ドローンの機体数が大幅に増えるでしょう。

＊

　近年、ゲリラ豪雨や線状降水帯による水害が増えています。
　気象観測用ドローンが増えれば、局地的な大雨などを、より高精度に予測できるようになります。

　また、洪水などの被災地に空撮ドローンを急行させると、迅速な状況調査に役立ちます。

　調査と同時に医療物資なども迅速に届けられます。

　ドローンは、用途によって飛行計画が異なります。

　多数の多様なドローンが飛び交うようになると、衝突事故の危険性が高まります。

　ドローン同士だけでなく、他の航空機との衝突も予防する必要があります。

　配送ドローンなど、共通業務の飛行では、似通った運行システムを使うため、業者間で運行ルートなどの情報を共有しやすいでしょう。

＊

　現状では、それぞれの業者が多様なドローン運用システムを使っていて、衝突回避は、各システムの機能に依存されています。

　そのため、安全レベルはシステムによって異なり、低レベルなドローン同士が相対した場合には、事故の危険性が著しく高まる状況が発生します。

　異なる業種のドローン同士が、双方向に互いの位置や進行方向を把握して、ニアミスを防ぐような、「すべての業務用ドローンが情報を共有しながら自律運行する共通プラットフォーム」を早急に構築する必要があります。

第 3 章

生活に溶け込むロボット、そして未来

本章では、半導体技術とともに歩んできた「ロボット」の進化と、リアルイベントで披露されていた、さまざまな「ドローン」を紹介します。

3-1。半導体製造技術とあゆむロボット技術の進化

　この30年で、「半導体製造技術」は大幅に進歩しました。その結果、かつてSFで描かれていたような「ロボット」や「デバイス」のいくつかは実現し、利用できるようになっています。

ロボット開発

■ 極限作業ロボット

　1980年代から1990年代初頭には、「四脚歩行ロボット」や「自走式ロボット」の開発が進められました。

　「通商産業省」(現経済産業省)は1983年、ロボットの開発を推進する、「極限作業ロボットプロジェクト」を発足。

　このプロジェクトでは、「原子力発電所」、「海洋石油生産施設」、「災害時の火炎現場」など、主に危険を伴う場所で稼働するロボットの開発を目指しました。

＊

　日立は、極限作業ロボットの「脚移動機構」の開発を担当し、1990年には原子力プラント内で作業する、電動の四脚歩行ロボットを完成させました。

　「ロボット脚」の動作原理は、「馬」の歩行運動の解析結果がもとになっています。

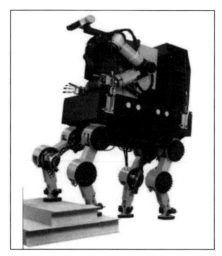

図3-1-1　極限作業ロボット

　「極限作業ロボット」の重量は約700kg。サイズは1270L×715W×1880H。施設内の扉を通過できるサイズになっていて、階段を昇降できます。

＊

　操縦者は安全な場所にいて、ロボットを遠隔操作します。ロボットの動作には自律制御の支援があり、操縦者は目的の作業に集中して操作できます。

　「極限作業ロボット」の上半身には、カメラユニットと2本の「マニピュレータ」(ロボットアーム)が装備されていて、「人型ロボット」の形態です。

■「協働ロボット」の登場

　1990年代は、半導体の開発が加速した時代。「半導体工場」で働くロボットの早急な開発が求められ、「マニピュレータ」を装備し、細やかな作業を行なえるロボットが登場しました。

＊

　半導体には大小さまざまな製品がありますが、その中で特に精密なIC(集積回路)の製造では、微細なホコリの付着によって、不良品が発生して

しまいます。

　「半導体工場」には、徹底的にホコリの侵入を防ぐ「クリーンルーム」があります。そのような工場では、多くの「自走式ロボット」が活躍しています。クリーンルームで働くロボットは、トコトコ歩くロボットよりも、静かに滑るように走行するロボットのほうが向いています。

＊

　初期の「自走式ロボット」は、物を運んだり、比較的単純な作業を繰り返したりする役割を担っていました。

　もちろん、そのようなロボットは今でも稼働していますが、近年では「人とロボットが協力して働く」というコンセプトの「協働（協調）ロボット」が稼働し始めています。

＊

　「人」と「ロボット」では、それぞれ特性が異なります。

　「人」は柔軟な対応や創意工夫が得意。「ロボット」は、精密な作業を迅速にこなし、単純作業を休み無く長時間続けられるという特性があります。

　また、「両手が塞がった作業員」をロボットがサポートしたり、「危険が伴う作業」をロボットに任せたりするなど、状況に合わせた協働体制を採れます。

図3-1-2　移動式協働ロボット／スタンダード・ロボット

■ ロボットの進化

　「人型ロボット」の開発では、人の上半身を模したロボットは比較的早期に開発されています。

　しかし、人のように歩行できるロボットの開発には時間がかかりました。

＊

　人が立って歩く際には、その姿勢を保つために、無意識に重心を移動させてバランスを保ちます。

　初期の人型ロボットでは、足を大きくして、転ばないようにしていました。

　現在では、姿勢制御の技術が進み、スムーズに歩いたり走ったりする人型ロボットが登場しています。

＊

　2011年には、ホンダが開発した二足歩行ロボット、「ASIMO」（アシモ）が発表され、2014年には、ソフトバンクロボティクスが開発した人型ロボット「Pepper」が発表され、話題になりました。

　これら2種のロボットの特徴は大きく異なりますが、「人とのコミュニケーションを図りながら役立つロボット」という共通点があります。

＊

　「ASIMO」は「予測運動制御機能」をもち、スムーズに階段を昇降できるような運動能力をもっています。

　また、「視覚」と「聴覚」のセンサを連動させて、周囲の状況に合わせて行動する、「自律制御能力」をもっています。

　一方、「Pepper」は、人の感情を理解してコミュニケーションを図るというコンセプトのロボットで、「ASIMO」のような運動能力はありません。

　たとえば、「Pepper」の手は、ほとんど握力がななく、主に身振りを示すために使われます。

　「Pepper」の脚部には、3つのボール型のタイヤで構成される「オムニホイール」を装備し、360度すべての方向に進めます。

図3-1-3　ASIMO ／本田技研工業

図3-1-4　Pepper ／ソフトバンクロボティクス

　近年のロボットの中で、最も驚きをもって注目を集めたのは、アメリカのボストンダイナミクスが開発したロボットでしょう。

　ボストンの主なロボットには、二足歩行と四足歩行のタイプがありますが、そのどちらも卓越した運動能力をもっています。
　人型ロボットは斜面を走り回り、障害物を軽やかに飛び越え、バク宙をすることもできます。

　犬のような四足ロボットは、重い荷物を運び、特定の人に付いて歩くなど、自律的な判断能力をもっています。

図3-1-5　華麗なダンスを披露する高性能ロボット
動画「Do You Love Me?」より
YouTube：Boston Dynamicsチャンネル

IoTを振り返る

■ IoTの提唱者

　イギリスの技術者ケビン・アシュトン氏は、1999年、あらゆるモノにセンサが搭載され、それがインターネットに接続されて物理世界の利便性を高めるという概念を説明し、それを「IoT」(Internet of Things, モノのインターネット)と名付けました。

*

　ただし、当時の「IoT」は、主に「RFID（ Radio Frequency IDentificati
on）タグ」を用いた商品管理システムを指していました。

　「RFID」とは、「タグ」（値札）に極薄のアンテナやIC回路などを埋め込
み、至近距離の無線通信でタグの情報を読み取るシステムです。

　その後、携帯電話の普及を経て、大多数の人がスマホを持つようになる
と、「IoT」という言葉は、ネットワークにつながるすべてのものを指す概
念として使われるようになりました。

■ 浸透するIoT

　日本では2016年4月、特定通信・放送開発事業実施円滑化法が改正され、
第五条に「インターネット・オブ・シングスの実現」の記述が追加されま
した。
　そこには、IoT関連の技術や施設などに関する事業を「新技術開発施設
供用事業」と定め、それを支援し、推進する旨が記載されています。

　そのような法規は、社会現実を後追いして制定されるのが常です。
　まず家電にネットワーク機能が搭載されるようになり、やがて交通シ
ステムや自動車などもネットにつながるようになりました。

*

　「IoT家電」が登場したころには、IoT関連の情報が多く出されていまし
たが、最近では取り立ててIoTを話題にすることは少なくなりました。
　それはIoTが廃れたわけではなく、すっかり社会生活に浸透した存在
になっていることを表わしています。

■ カメラとセンサ

　ライブカメラ、防犯カメラ、車載カメラなど、リアルタイムに稼働する
カメラは、この30年で最も増加したデバイスの1つです。

　防犯カメラは昔からある映像システムですが、その設置場所は、金融機
関、パチンコ店、ショッピングモールなど、主に屋内に限られていました。
　現在では、繁華街などを中心に、至る所に防犯カメラが設置され、映像
データはネットワーク接続で管理されています。

*

　防犯カメラなど、かつての映像システムでは、映像と音を扱うだけでし
た。この30年でカメラデバイス大幅な変貌を遂げました。
　カメラデバイスは使用目的に合わせて、複数のセンサを搭載可能で
す。それらのセンサから収集した情報はネットワーク転送され、サーバに
よって高速に自動処理されます。

　カメラの映像情報は、ディープ・ラーニングによって、より高度で効率
的な画像処理ができるようになりました。
　その技術は、半導体部品などの不良品判別や、自動運転の物体認識など
で利用されています。

3-2 さまざまなドローン

　コロナ禍に大幅に規制されていたリアルイベントも、ようやく解禁傾向にあり、2022年は多くの「ドローン」のお披露目がありました。

注目したいドローン

■ 大阪・関西万博で披露される「空飛ぶクルマ」

　2025年の大阪万博では、「空飛ぶクルマのある社会」をテーマに、人を乗せたドローンが飛行します。

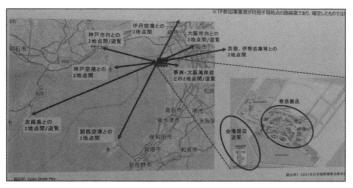

図3-2-1　大阪・関西万博での飛行予定地点

　2020年後半〜2030年代の都市の二次交通として、また地方の観光や二次交通として期待される有人飛行型ドローン、いわゆる"空飛ぶクルマ"の実現に向け、試験飛行・実証実験が行なわれてきました。

　2025年の大阪・関西万博での"空飛ぶクルマ"の飛行実現を共通の目的として定めることで、機体開発や制度整備、飛行実現に向けた課題解決が進み、万博後の社会実装への後押しになるでしょう。

　新たな移動体験や移動の自由が提供されることで、人や物の移動の迅速性、利便性向上を通じて、新しいサービスの展開や各地での課題が解決されていくと考えられます。

　また、世界中、日本全国から注目が集まる万博ですから、"空飛ぶクルマ"の旅客輸送や、自由に空を移動する"空飛ぶクルマ"を実現させる社会像を発信することで、"空飛ぶクルマ"に関する社会の認知・受容を大きく押し上げていくと期待できます。

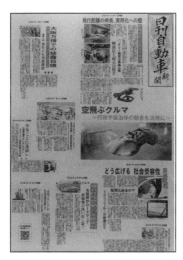

図3-2-2　自動車業界も注目する「空飛ぶクルマ」

■Japan Drone2022より

　2022年6月に幕張メッセで開催された「Japan Drone2022」では、さまざまなドローンが公開されていました。

図3-2-3　衛星通信を搭載した長距離無人航空機「TERRA Dolphin 4300」。水素燃料電池で飛行する。

図3-2-4　ペイロード400kgを予定している物流向け大型ドローン「スペースフレーム」。フレームの接合部のみに加重がかかるので「曲げ応力」が発生せず、「軸力」のみなので、部材は細くても丈夫。

図3-2-5　自由自在に姿勢維持が可能なコンパクト水中ドローン。水中の美しい瞬間を捉える4K UHDカメラを搭載。

図3-2-6　LEDを配置したフレームを回転させて映像を表示しつつ、内部のドローンで飛行を行なう「浮遊球体ドローンディスプレイ」。

索　引

数字順

3Dカメラ ……………………………16
3Dプリンタ ……………………………22
3軸加速センサ ………………………32
3軸ジャイロセンサ ……………………32
9軸センサIC …………………………43

アルファベット順

■A

ACSL-PF2 ……………………………81
AI ………………………………… 15,50
AIBO ……………………………… 8
AI技術 …………………………………33
AlfaGO …………………………………47
Amazon Prime Air …………………… 118
ANYDRONE ……………………… 100
APT70 …………………………………96
AR.Drone ……………………………125
ASIMO ……………………… 29,133

■B

BNF ……………………………………74

■C

CCY-01 ………………………………97
CIMON-2 …………………………… 100
COZMO ………………………………11

■D

Drone …………………………………66

■F

FMCW方式 ……………………………42
FPV …………………………………68,75
FPVゴーグル …………………………75

■G

GaN ……………………………………40
GPS ……………………………………43
GPSの位置情報 ………………………37

■H

HS160-F ………………………………69
HS420 ……………………………… 106

■I

IGBT …………………………………39
IMU ……………………………………43
Int-Ball ………………………………99
IoT …………………………………… 135
IoTデバイス ……………………………9
IP55 …………………………………85

■K

KM23 ……………………………… 121

■L

LiDAR ……………………………16,37,42
LOVOT …………………………………10

■M

Matrice30T ……………………………84
MEMS ………………………………43
MOSFET ……………………………39

■O

OriHime-D ……………………………54

■P

PD6B-Type3C ………………………82
Pepper ……………………………15,133
PID制御 ………………………………31
Pocket Robot ………………………10

■R

Raspberry Pi4B ……………………32
RFID ………………………………… 136
Robovie-Z ……………………………32
Romi ……………………………………10
ROS ……………………………………32
RPA ……………………………………50
RTF ……………………………………74

■S

Scratch ………………………………70
SDカード ………………………………69
Sic ……………………………………40
SLAM …………………………………42
Sota …………………………………… 9
SVM ……………………………………44

■T

TAKE ………………………………… 116
Tello …………………………………70
ToF方式 ………………………………42

■U

unika ………………………………… 117

■W

Wi-Fi ……………………………… 43,69

50音順

■あ

アカデミックスカラロボット ……………31
アトラス …………………………………32

■い

一人称視点 ………………………… 68,75
インテルShooting Starシステム ……… 115

■う

ウクライナ ……………………………91
ウクライナ戦争 ………………………41

141

索　引

宇宙船····································99
運行管理アプリ····························78
運搬能力································80

■え
エネルギー···························39,50
エネルギー効率··························40
遠隔監視································79
遠隔操作·····························24,66

■お
オープンエンド問題····················47,53
音声認識································44
オン抵抗································40

■か
顔認識··································15
角速度··································43
攪乱····································93
化石燃料の枯渇··························41
画像認識································44
加速····································36
加速度··································43
加速度センサ····························37
学科試験·······························111
カメラ·······························37,69
環境地図作成····························42

■き
機械学習································ 8
機械警備ロボット·····················15,17
希少資源································50
教育用ホビー用ロボット·················· 8
教育用ロボット··························29
協働ロボット······················23,131
業務用清掃ロボット·······················16
極限作業ロボット·······················130

■く
組み立てロボット························21
クラウド································80

■け
警備用ロボット··························13

■こ
航空法·································105
攻撃····································92
高速輸送ロボット························95
コネクティッドカー·······················34
コミュニケーションロボット·················· 8

■さ
サーマルカメラ····························86
災害現場································24
災害飛行ロボット························95
サイクロジャイロロータ····················97
サマリウム·······························41

■（right column）
産業用ロボット························8,18

■し
閾値····································45
自己位置推定····························42
ジスプロシウム··························41
自然言語·······························15,47
自走式ロボット·························132
実施試験·······························112
自動運転車···························34,42
自動化··································19
所有権··································63
シリコン································39
シリコンカーバイド·······················40
自律移動型船内カメラ····················99
自律型·····························24,26
自律制御································66
シンギュラリティー·······················59
神経細胞································45
人権····································63
人工ニューロン··························44
深層学習································59
身体検査·······························111

■す
水平多関節ロボット······················21
ズームカメラ····························86
スカラロボット····························21
スマートドローンツールズ··················77

■せ
清掃警護ロボット························ 8
制動····································36
接客ロボット····························15
セリウム································41
センスアンドアボイドシステム············119

■そ
操縦ライセンス制度·····················108
掃除ロボット····························13
操舵····································36
双椀ロボット····························23

■た
タイガーモス····························124
ダイヤモンド半導体·······················40
多関節ロボット··························21
炭化ケイ素······························40
探索救護ロボット························ 8
探索ロジック····························14

■ち
地磁気··································43
窒化ガリウム····························40
超音波測距センサ························37
直交ロボット····························22

■て
ティーチング･･････････････････････20
ディープラーニング･････････8,33,46,59
偵察･････････････････････････････92
ディジット･････････････････････････32
ディストピア･･････････････････････48
デルタロボット･････････････････････22
テルビウム･････････････････････････41
電圧降下･･･････････････････････････40
電源回路･･･････････････････････････39
電力調整･･･････････････････････････39

■と
倒立振子･･･････････････････････････30
動力･･･････････････････････････････39
登録義務化････････････････････ 103
登録制度･････････････････････ 102
ドローン･･･････････････････････････42
ドローン空撮･･････････････････････66
ドローンショー･･･････････････ 113
ドローンスクール････････････ 110
ドローン配送サービス････････ 118
ドローンレース･･･････････････････71
トロッコ問題･･････････････････････53

■に
荷物の下ろし方･･･････････････ 120
ニューラルネットワーク･････････45

■ね
ネオジムモータ･･･････････････････41
熱伝導率･･･････････････････････････40

■は
配送用ドローン････････････ 77,82
パラレルリンクロボット･････････22
半導体･･･････････････････････ 39,130
半導体スイッチ･･･････････････････40

■ひ
ビッグデータ･･････････････････････38
人型ロボット･･････････････････････39
微分積分･･･････････････････････････31
ビュートバランサー･････････････31

■ふ
ブラーバ･･･････････････････････････14
フライルート作成･･･････････････78
フレーム問題･･･････････････ 17,47
プロペラガード･･･････････････････67
分身ロボット･･････････････････････54
分身ロボットカフェ･････････････55

■へ
ペイロード･････････････････････････80
へび型ロボット･･･････････････････28

■ほ
方位センサ･････････････････････････37
放熱性能･･･････････････････････････40
ホビー用ロボット･････････････････29

■ま
マイクロドローン･････････････････74
マイクロマウス･･･････････････････30

■み
ミニドローン････････････････････74

■む
無限軌道･･･････････････････････････27
無人航空機････････････････････････66
無人タクシー･･････････････････････36
無人路線バス･･････････････････････36
無線通信･･･････････････････････････25

■め
メタバース･････････････････････････56

■も
モータ制御･････････････････････････39
目視飛行･･･････････････････････････75
モノづくりロボット･････････････18

■ゆ
有線通信･･･････････････････････････25

■ら
ライトローバー型ロボット･････32
ライントレースロボット･･･････30
ランダム探索･･････････････････････14
ランタン･･･････････････････････････41

■り
リモコン･･･････････････････････････67

■る
ルーロ･････････････････････････････14
ルンバ･････････････････････････････13

■れ
レジェンド･････････････････････････34

■ろ
ローバー型ロボット･････････････32
ロケット･･･････････････････････････31
ロボットアーム･･･････････････････18
ロボット掃除機･･･････････････････42

■わ
ワイドカメラ･･････････････････････86

■著者紹介

nekosan（ねこさん）

▼ソフト系エンジニア。モノづくりが大好きで、赤道儀を自作するために独学でマイコンの勉強を始めて以来、「Arduino」や「Raspberry Pi」など、いろいろなマイコンを趣味で取り扱う。Windows嫌いでLinux好き。現在、web系の技術を学習中。

本間　一（ほんま　はじめ）

▼I/O誌を中心に多数執筆のフリーライター。得意分野は、「マルチメディア系」「デジタルビデオ編集」「ソフトウェアの運用」など。趣味は、「DTM」「サッカー観戦」「ビリヤード」。

質問に関して

本書の内容に関するご質問は、

①返信用の切手を同封した手紙
②往復はがき
③ FAX（03）5269-6031
　（ご自宅のFAX番号を明記してください）
④ E-mail　editors@kohgakusha.co.jp

のいずれかで、工学社編集部宛にお願いします。電話によるお問い合わせはご遠慮ください。

●サポートページは下記にあります。
【工学社サイト】http://www.kohgakusha.co.jp/

I/O BOOKS

身につく！「ロボット」＆「ドローン」の基礎知識

2023年1月30日　第1版第1刷発行　© 2023	著　者	nekosan、本間　一
2023年6月25日　第1版第2刷発行	発行人	星　正明
	発行所	株式会社工学社
		〒160-0004
		東京都新宿区四谷 4-28-20 2F
	電話	（03）5269-2041（代）[営業]
		（03）5269-6041（代）[編集]
※定価はカバーに表示してあります。	振替口座	00150-6-22510

［印刷］（株）エーヴィスシステムズ　　　　　　　　　ISBN978-4-7775-2237-8